건설의 미래를 바꾸는

알기 쉬운
BIM 활용법

ZUKAI NYUMON YOKU WAKARU SAISHIN BIM NO KIHON TO SHIKUMI DAINIHAN
by Ryota(Ieiri)
Copyright © 2019 by Ryota Ieiri
All rights reserved.
First published in Japan in 2019 by Shuwa System Co., Ltd.
This Korean edition is published by arrangement with Shuwa System Co., Ltd, Tokyo
in care of Tuttle-Mori Agency, Inc., Tokyo through Bestun Korea Agency, Seoul.

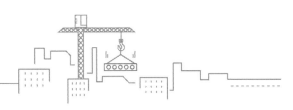

건설의 미래를 바꾸는
알기 쉬운
BIM 활용법

이에이리 료유타(家入龍太) 저

이성혁, 엄기영, 조국환, 김성일, 신정열 역

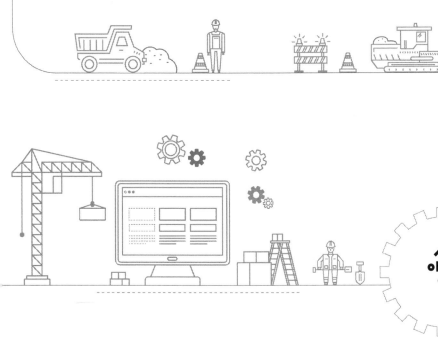

씨
아이
알

서 문

BIM^{Building Information Modeling}이란 기존의 2차원 도면 대신에 컴퓨터 속에 건물의 3D 모델로 표현하여 설계나 시공을 진행해나가는 방법이다.

'일본의 BIM 원년'이라고 알려진 2009년경은 건물을 3D 모델로 표현하여 컴퓨터 속에서 빙글빙글 회전시키거나 워크스루하여 내부를 둘러보는 것만으로도 획기적인 일이었다.

당시는 BIM 활용 목표로서 레벨 1(건물을 3D로 표현함), 레벨 2(BIM 모델을 사용하여 해석이나 시뮬레이션을 함), 레벨 3(타사와 BIM 모델을 교환하는 업무 흐름을 구축함)라고 하는 것을 내세우고 있었지만 훨씬 빨리 실현된 느낌이 있다.

당시는 인간인 설계자나 시공 기술자가 편리하게 사용할 수 있는 도구로서 BIM을 평가하고 있었던 것은 아닐까?

그러나 지금은 드론(무인기)이나 건설용 로봇, 콘크리트로 조형하는 3D 프린트, AI(인공지능) 등 일본의 BIM 원년 당시에는 생각하지 못했던 기계나 시스템이 계속 등장하여 설계나 시공 현장에서 사용할 수 있게 되었다.

그리고 건물의 3D 형상과 속성정보를 겸비한 BIM 모델은 컴퓨터로 제어되는 이러한 기계나 시스템에 건물의 내용을 전할 수 있는 커뮤니케이션 도구로의 역할도 기대하게 되었다.

본서는 이러한 건설업계에 있어서의 ICT(정보통신기술)의 진화에 근거하여 BIM과 관련된 기계나 시스템의 최신 정보나 큰 그림을 초심자도 알기 쉽고 단시간에 이해할 수 있도록 집필한 것이다.

본 서의 집필 시에는 많은 기업이나 건축가, 학교의 선생님들께서 귀중한 사진이나 재료를 제공하여 주셨다. 이러한 여러분들의 협조 덕분에 본서를 간행할 수 있었다는 것을 이 자리를 빌려 감사의 말씀을 드린다.

마지막으로 본 서가 일본 건설업계의 생산성 향상이나 근로 방식 개혁 등의 실현에 조금이나마 도움이 되었으면 좋겠다.

2019년 2월

건설 IT 저널리스트 **이에이리 료유타**(家入龍太)

CONTENTS

제3장 BIM에 의한 시공

제4장 BIM의 도입 방법

제5장 조직에서의 BIM 활용

제6장 해석과 시뮬레이션

제7장 BIM과 연계하는 기술

제8장 BIM과 연계하는 기기

제10장 미래의 BIM

제 1 장

BIM이란 무엇인가?

BIM^Building Information Modeling이란 실제 건물을 만드는 것처럼 컴퓨터상에서 건물의 3차원 모델을 조립하면서 설계해나가는 새로운 방법이다. 지금까지는 도면상에 건물의 모양이나 크기, 재질 등의 설계 정보를 표현하였던 것에 대해 BIM은 건물의 3차원 모델 중에 이러한 설계 정보를 속성정보로서 통합한 것이 특징이다.

건물의 BIM 모델은 한번 만들어두면 폭넓은 용도로 사용할 수 있기 때문에 설계 효율이 높아진다. 예를 들어, 도면이나 CG 투시도, 마감표나 창호표를 자동으로 만드는 것 외에 구조해석이나 에너지해석 등에 폭넓게 사용할 수 있는 것이 특징이다.

이 장에서는 BIM의 기본적인 구조나 주요 특징, 대표적인 BIM 소프트웨어에 대해 소개하고자 한다.

BIM이란 무엇인가?

PC상에 실물과 같은 가상 건물을 재현한다

BIM^{Building Information Modelling}이란 종래의 도면이나 종이 자료를 대신하여 PC 속에 건물의 의장, 구조, 설비를 충실히 재현한 3D의 BIM 모델을 만들면서 설계하는 방법이다.

▶▶ 컴퓨터로서 가상의 건물 모델을 만들면서 설계

지금까지 설계 수단으로 사용되었던 도면은 건물을 나타내기 위해 여러 가지 방향이나 각도, 단면으로부터 건물을 본 상태를 도형으로 표현하는 것이다. 그에 반해 BIM은 PC상에 실물과 같은 형태나 구조, 크기로 3차원의 가상 건물을 만들어 표현한다. 이를테면 가상의 건축 모형을 PC상에서 만들면서 설계를 진행해나가는 방법이다. BIM용 의장 설계 소프트웨어는 몇몇 회사로부터 발매되었다. BIM은 기둥이나 보 외에 철골, 배관, 공조덕트와 같은 벽이나 천장의 뒤에 숨겨진 장소까지 충실하게 3차원으로 모델화한다. 실물과 동일한 건물을 컴퓨터상에서 전자적으로 건설한 것이므로 눈으로 볼 수 있는 부분만을 3D로 만든 CG^{Computer Graphics}와는 내용의 정밀성이 다르다.

▶▶ 도면이나 투시도는 BIM 모델로부터 추출

숨겨진 기둥이나 배관까지 충실하게 만들어진 BIM 모델을 임의 층에서 수평방향으로 절단하면 외벽이나 칸막이벽, 기둥, 엘리베이터 등의 단면이 드러나는 '평면도'가 된다. BIM 모델을 밖에서 보면 '입면도', 연직방향으로 절단하면 '단면도'가 된다.

이러한 도면은 하나의 BIM 모델로부터 추출하여 만들어지므로 종래의 도면과 같은 모순은 생기지 않는 것이 특징이다.

BIM 모델을 비스듬한 방향에서 보면 CG 투시도가 된다. 종이 투시도와 달리 시점의 위치나 각도를 변화시키는 것만으로 원하는 CG 투시도를 만들 수 있다. 연속적으로 시점을 변화시켜 실제 건물의 주위를 걸어 다니는 듯한 '애니메이션'도 만들 수 있다.

아파트의 BIM 모델의 예. 왼쪽에서부터 의장, 구조, 설비의 모델. 실물과 같이 건물을 3D의 BIM 모델을 만들면서 설계한다.

자료 제공: 주식회사 하세코長谷工코퍼레이션

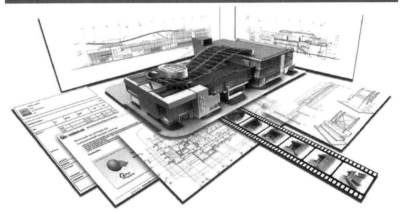

BIM 모델에서 도면이나 투시도, 마감표 등의 다양한 설계도서를 작성할 수 있다.

자료 제공: Graphi Soft Japan 주식회사

▶▶ 부재의 사양을 나타내는 '속성정보'를 내장

　BIM 모델을 구성하는 벽이나 새시, 도어 등 건물을 구성하는 부재 하나하나에 '속성정보'라고 하는 데이터가 입력되어 있다. 이것이 단순한 3차원 CAD나 3차원 디자인 소프트웨어와의 큰 차이이다.

　예를 들면, 2차원 CAD로 벽을 나타낼 때는 2개의 선으로 표현하지만, 컴퓨터에 있어서는 그것이 벽인지 배관인지를 구별할 수 없다. 한편 BIM 모델에서는 '바닥', '배관'과 같은 건물의 부재를 구별할 수 있는 속성정보가 들어 있다. 속성정보에는 부재의 재질이나 형식 번호, 제조자명 등 필요에 따라 여러 가지를 입력할 수 있다.

　이 속성정보를 실마리로 하여 컴퓨터는 BIM 모델에 포함된 각 부재의 종류를 구별할 수 있다. 그리고 바닥 면적을 계산하거나 도어의 수량을 집계하거나 도면상에 설비의 형식 번호나 업체명 등을 표시하는 다양한 작업을 자동화할 수 있다.

▶▶ 해석 소프트웨어의 입력 데이터가 되는 BIM 모델

BIM이 설계 업무의 생산성 향상을 실현할 수 있는 것은 건물의 3차원 형상과 속성정보를 하나의 BIM 모델에 정리하여 다루는 점에 있다. 지금까지 구조해석이나 에너지해석 등을 할 때는 각각의 소프트웨어에 입력 데이터를 만들 필요가 있었다.

그 점에서 BIM 모델은 내장된 3차원 형상이나 속성정보를 다른 소프트웨어에서 활용함으로써 입력 데이터의 작성에 소요되는 시간을 대폭으로 줄일 수 있다. 예를 들면, 에너지해석을 하는 경우는 벽이나 지붕 등의 속성정보에 열전도 계수 등을 BIM 모델에 입력해두면 에너지해석 소프트웨어는 해석에 필요한 건물의 크기나 열전도 계수 등을 BIM 모델로부터 읽어 들여 해석할 수 있다. 이렇게 하여 비약적으로 작업 효율이 향상되는 것이다.

▶▶ 2009년은 일본의 'BIM 원년'

일본의 건설업계에서 BIM이라는 단어가 알려지기 시작된 것은 2007년경이었다. 당시 미국의 건축업계에서는 BIM 붐이 일어나고 있었고 일본에서도 BIM에 관한 세미나나 심포지엄이 열리게 되었다.

그리고 2009년을 맞이하여 BIM에 관한 서적이나 잡지가 여러 권 출간되고, BIM을 도입하는 기업이나 사용자도 이 해를 기점으로 급증하기 시작하였다. 그 때문에 2009년은 일본의 'BIM 원년'이라 불리고 있다.

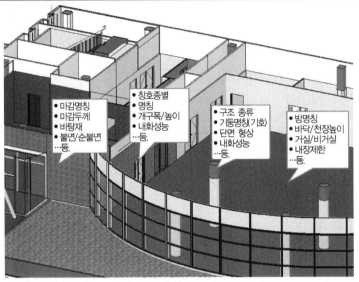

BIM 모델의 각 부분에는 3차원 형상과 함께 부재의 종류나 명칭, 재질 등의 '속성 정보'가 입력되어 있다.

자료 제공: 후쿠이耀#컴퓨터 아키텍트 주식회사

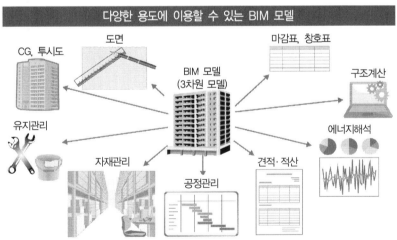

BIM 모델의 3차원 정보와 속성정보를 다른 소프트웨어에서 이용함으로써 다양한 해석이나 시뮬레이션을 효율적으로 할 수 있다.

1-2

3차원 건물 모델로 설계

도면은 BIM 모델로부터 추출한다

BIM이란 컴퓨터상에 가상적인 건물 모형을 조립하는 것처럼 실물의 건물과 똑같은 3차원 모델을 만들어 설계를 진행하는 방법이다. 외관이나 내관은 물론, 벽 뒤나 천장 뒤에 있는 기둥이나 보 등 숨겨진 부분도 충실히 재현한다.

▶▶ 컴퓨터상에 가상의 건물을 구축

도면은 건물을 나타내기 위해 여러 가지 방향이나 각도, 단면에서 건물을 바라본 상태를 도형으로 표현하는 것이다. 그에 반해 BIM은 컴퓨터상에 실물과 동일한 형태나 구조, 크기로 3차원의 가상 건물을 만들어 표현한다. 이를테면 건축 모형을 컴퓨터로 가상으로 만들면서 설계를 진행해나가는 방법이다.

▶▶ 숨겨진 곳까지 모델화하는 것이 CG와의 차이

컴퓨터 그래픽스CG와 BIM의 차이를 모르겠다고 하는 사람도 있을 것이다. CG는 영화 세트의 디지털판과 같은 것으로서 볼 수 있는 부분만을 모델화한 '전자 종이접기'와 같은 것이다.

그에 반해 BIM에서는 기둥이나 보, 철골, 배관, 공조 덕트와 같이 벽이나 천장 뒤에 숨겨진 곳까지 충실하게 3차원으로 모델화하는 것이 큰 차이이다. 바야흐로 가상의 건물인 것이다.

▶▶ BIM 모델로부터 추출하여 만드는 도면

BIM 모델은 숨겨진 기둥이나 배관까지 충실하게 만들고 있으므로 임의 층에서 수평방향으로 절단하면 외벽이나 마감벽, 기둥, 엘리베이터 등의 단면이 나타나 '평면도 토대'가 자동적으로 완성된다. 그 위에 치수선이나 주석 등을 2차원과 동일한 요령으로 그려나가면 평면도가 완성된다. 입면도나 단면도도 마찬가지다.

BIM 모델로부터 추출된 도면은 3차원 BIM 모델과 연동하고 있으므로 설계 변경 시는 BIM 모델만 수정하면 도면 전체가 자동적으로 수정된다.

▶▶ CG 투시도나 애니메이션도 간단히 만든다

BIM 모델을 비스듬한 방향에서 보면 CG 투시도가 된다. 종이 투시도와 달리 시점의 위치나 각도를 바꾸는 것만으로 원하는 만큼의 CG 투시도를 만들 수 있다. 연속적으로 시점을 바꾸면 실제 건물의 주변을 걷거나 날아다니는 것과 같은 '워크스루walk through'도 가능하다.

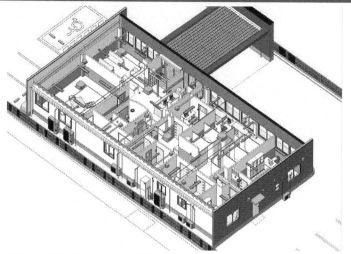

BIM 모델의 내부에는 숨겨진 기둥이나 보, 배관 등도 충실히 만들어져 있다.

자료 제공: 미호美保테크노스 주식회사

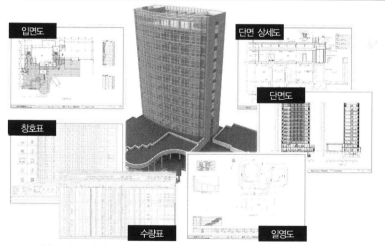

BIM 모델을 여러 가지 시점에서 절단함으로써 도면을 만들 수 있다.

자료 제공: 후쿠이福#컴퓨터 아키텍트 주식회사

1-3

건물의 데이터베이스를 내장

부재의 사양을 BIM 모델 내에 격납한다

BIM 소프트웨어가 단순한 3차원 CAD와 다른 점은 벽이나 기둥 등의 3차원 모델에 부재의 사양을 나타내는 '속성정보'가 격납되어 있는 것이다. 속성정보 덕분에 도면 작성이나 수량계산, 해석 등을 자동화할 수 있어 업무 효율이 향상된다.

▶▶ '속성정보'는 건물 데이터베이스

건물의 형태나 구조 등을 3차원으로 충실하게 모델화하는 것은 일반 3차원 CAD로도 가능하다. 그러면 BIM은 무엇이 다른가를 살펴보면, 벽이나 새시, 도어 등 건물을 구성하는 부재 하나 하나에 '속성정보property'라고 하는 데이터가 입력되어 있는 것이다.

속성정보에는 텍스트나 수치로서 나타낼 수 있는 다양한 데이터를 입력할 수 있다. 예를 들면, 부재의 폭, 높이, 두께 등의 치수 정보나 중량, 소비 전력 등의 사양 정보이다. 또 재질이나 색, 형식 번호, 업체명 등 카탈로그적인 정보도 입력할 수 있다. 게다가 인터넷의 어드레스adress인 URL과 같은 링크 정보를 입력해둠으로써 화상이나 PDF 데이터 등에도 연계시킬 수 있다.

▶▶ 도면 작성이나 해석·시뮬레이션의 고속화

BIM 모델 내에 내장된 속성정보를 사용하면 설계나 시공 시에 다양한 작업을 자동화하는 것에 도움이 된다. 예를 들면, 도면의 작성 시에는 속성 정보에 기입된 부재명이나 재질 등을 도면상에 자동적으로 표시하거나 창호표 등의 항목명을 자동으로 표시할 수 있다.

또 BIM 모델과 데이터를 연계할 수 있는 구조해석이나 에너지해석 등의 소프트웨어는 BIM 모델에서 각 부재의 길이나 단면의 크기, 부재의 영률이나 열전도 계수 등을 읽어 들여 입력 데이터를 자동적으로 만든다. 그 때문에 데이터 작성이 상당히 신속해져 설계와 해석을 동시 병행하여 진행하면서 최적의 설계를 하는 것도 가능해진다.

결국 종래 종이 도면에서 다양한 데이터를 뽑아내어 해석 소프트웨어용으로 입력 데이터를 만드는 수고스러움이 없게 된다. 속성정보를 잘 활용하는 것이 BIM에 의한 비약적인 작업 효율의 향상을 도모하는 요령인 것이다.

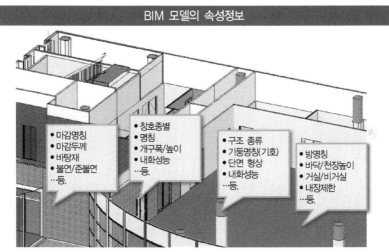

BIM 모델의 속성정보

- 마감명칭
- 마감두께
- 바탕재
- 불연/준불연
- …등.

- 창호종별
- 명칭
- 개구폭/높이
- 내화성능
- …등.

- 구조 종류
- 기둥명칭(기호)
- 단면 형상
- 내화성능
- …등.

- 방명칭
- 바닥/천장높이
- 거실/비거실
- 내장제한
- …등.

BIM 모델의 각 부분에는 3차원 형상과 함께 부재의 종류나 명칭, 재질 등의 '속성정보'가 입력되어 있다.

자료 제공: 후쿠이룗#컴퓨터 아키텍트 주식회사

설비 속성정보의 예

자료 제공: Graphisoft Japan 주식회사

1-4

BIM 모델 만드는 방법

크게 나누어 2가지이다

BIM 모델을 만드는 방법은 크게 나누어 2가지이다. 대표적인 방법은 1플로어^{floor}씩 평면도를 그리는 것처럼 쌓아 올리는 방법이다. 이 밖에 건물의 외형을 3D로 점토를 세공하는 것처럼 만들어 바닥이나 창을 붙이는 고도한 방법도 있다.

▶▶ BIM 모델을 만드는 두 가지 방법

BIM 모델은 3차원이므로 도대체 어떠한 방식으로 건물의 모델을 만들지라며 어렵게 생각하고 있는 사람도 많을 것이다. 그러나 BIM 모델 만드는 방법은 그렇게 어렵다고 생각할 필요는 없다. 의외로 간단하다.

BIM 모델 만드는 방법은 크게 나누어 2가지이다. 첫 번째 방법은 2차원 CAD로 평면도를 그리는 것처럼 1플로어씩 평면도를 그려 쌓아 올려가는 방법이다. 두 번째 방법은 빌딩의 외형을 점토 세공을 하는 것처럼 PC 내에서 3D의 입체로 만들고 이것에 바닥이나 벽을 깔아 BIM 모델로 만들어가는 방법이다. 일반적으로는 전자의 방법이 사용된다.

▶▶ (1) 1플로어씩 평면도를 그려 쌓아 올리는 방법

1플로어씩 평면도를 그려 쌓아 올리는 방법은 2차원 CAD에 익숙한 사람이면 간단하다. 우선 BIM 소프트웨어상에 건물의 각 플로어의 높이와 중심선을 설정해둔다.

그리고 BIM 소프트웨어의 화면 표시를 1층 또는 기준 층의 플로어로 교체하여 표시하고, 메뉴에서 건물의 외벽이나 칸막이벽 등을 선택하면서 평면도를 그려나간다. 창이나 도어 등의 개구부는 메뉴에서 부품을 선택하고 벽 위를 클릭하여 배치한다. 그러면 벽에 자동적으로 공간이 생겨 창이나 도어가 깨끗이 마무리된다.

도면상은 보통의 평면도이지만 벽은 그 플로어의 층 높이에 따라서 높이를 가진 3D 모델로 만들어져 간다. 또 파이프 샤프트나 엘리베이터, 계단 등을 작도하면, 건물 전체를 위아래로 관통하는 부재로서 3D 모델이 된다.

이렇게 하여 1플로어분의 평면도가 생기면 다음 층으로 이동하여 평면도를 그려나간다. 또는 기준 층의 평면도를 만들면 층 전체를 복사하여 다른 층에 그대로 삽입할 수도 있다. 마지막으로 지붕을 부착하면 완성이다.

▶▶ (2) 건물의 외형으로부터 만들어가는 방법

대담한 곡면이나 뒤틀린 형태의 빌딩 등은 건물의 3D 형상을 PC상에서 만들고 나서 바닥이나 벽을 깔아 나가는 방법으로 BIM 모델화해 나간다. 건물의 외형이 되는 3D 모델을 '매스 모델mass model'이라 한다. 매스 모델로서 건물의 외형을 결정한 후에는 바닥이나 벽, 창 등을 배치하여 BIM 모델로 만들어간다. 바닥이나 벽 등을 매스 모델로부터 자동적으로 만드는 기능을 가진 소프트웨어도 있다. 그리고 내부의 평면 계획이나 엘리베이터, 계단 등을 배치해나간다.

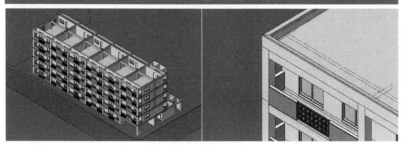

1플로어씩 평면도를 그려 쌓아 올린 BIM 모델의 예

기준층을 복사하여 건물 모델을 쌓아 올리고(좌), 지붕을 덮어 완성(우)

자료 제공: AutoDesk 주식회사

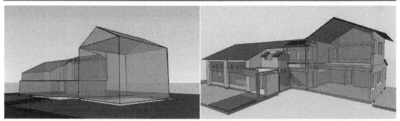

건물의 매스 모델에서 만든 BIM 모델의 예

건물의 외형이 되는 매스 모델(좌)의 내측에 벽이나 바닥을 쌓아 올려간다.

자료 제공: Graphisoft Japan 주식회사

설계도서의 일관성 확보

BIM 모델과 도면이 연동한다

도면을 그리기 위해 굳이 BIM 소프트웨어로 3차원 모델을 만드는 것은 시간이 걸린다고 생각하기 십상이다. 그러나 프로젝트에서 필요한 도면 전체의 작성 시간이나 수정 시간을 생각하면 BIM이 압도적으로 빠른 것이다.

▶▶ 도면 작성도 '급하면 돌아가라'

한 장의 도면만 그린다면 굳이 BIM 소프트웨어로 3차원 모델을 만든 다음에 도면을 추출하는 것은 시간이 걸린다. 그러나 보통의 건축 프로젝트라도 수십 장, 수백 장의 도면을 그린다. 그리고 도중에 도면 수정도 많이 한다.

이와 같이 '도면 한 장'만이 아니라 '프로젝트의 도면 전부'를 생각하면 BIM이 전체 작업 시간은 짧아진다는 것은 BIM 사용자 사이에는 상식으로 되어 있다. 도면 작성도 '급하면 돌아가라'이다.

▶▶ BIM 모델과 도면, 설계도서가 연동

BIM이 빠른 이유는 BIM 모델과 각 도면이 연동되어 있기 때문이다. 다소 시간이 걸려도 하나의 BIM 모델을 완성시키고 나면, 그것으로부터 평면도, 입면도, 단면도 등 필요한 도면은 필요한 만큼 반자동적으로 만들 수 있다.

또 창호표나 마감표 등의 리스트류도 BIM 모델의 속성정보에 의해서 자동적으로 작성할 수 있다. 그 때문에 지금까지의 도면과 같이 도면 사이나 창호표, 마감표와의 사이에 모순이 생기지 않는다.

▶▶ 설계 변경 시간도 3분의 1로

이것은 설계 변경 때 큰 힘이 된다. 종래의 2차원 CAD라면 1개소의 설계 변경에 대해 평면도, 입면도, 단면도 등 3장의 도면을 수정할 필요가 있지만, BIM의 경우는 BIM 모델을 1개소 수정만으로 끝난다. 관련한 도면이나 리스트류 등은 자동적으로 수정되므로 수정 누락이 발생하지 않는다.

▶▶ 속성정보를 도면 작성에 활용

BIM 모델로부터 효율적으로 도면이나 리스트류를 작성하기 위해서는 BIM 모델에 속성정보를 확실히 입력해두는 것도 필요하다. 예를 들면, 도면상에 방 이름이나 부재 재질 등을 BIM 모델에서 자동적으로 기입되도록 하기 위해서는 미리 속성정보에 이러한 정보를 입력해둘 필요가 있다.

2차원 CAD의 경우에는 세밀한 것은 후순위로 하여 방 이름이나 재질 등을 마지막에 결정할 수도 있지만, BIM의 경우는 순서대로 이러한 것을 결정하여 BIM 모델에 만들어 넣지 않으면 BIM의 위력을 충분히 살릴 수 없다.

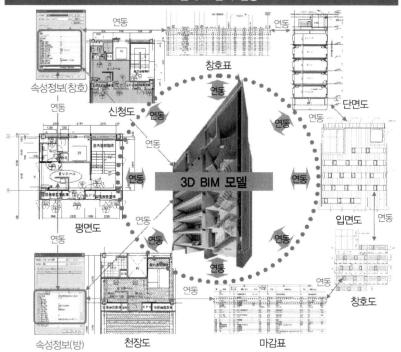

BIM 모델과 도면의 연동

하나의 BIM 모델과 각 도면이나 창호표 등이 연동하기 때문에, 설계 변경 시에도 BIM 모델만을 수정하면 관련된 도면 등이 자동으로 수정되어 일관성도 유지된다.

자료 제공: 주식회사 야스이㈜건축 설계사무소

1-6

왜 BIM이 주목받는 것인가

건물을 알기 쉽게 '가시화'한다

BIM의 최대 장점은 설계 중인 건물이라도 완성 후의 모습을 볼 수 있는 '가시화'에 있다. 그 때문에 일반인인 시공주도 프로인 설계자처럼 설계 내용을 이해할 수 있어 상상한 대로의 건물을 만들 수 있다.

▶▶ '설계의 가시화'가 BIM 장점 No.1

2010년 9~10월에 저자들이 인터넷상에서 시행한 BIM 활용 실태 조사에 의하면 'BIM에 의해서 생산성 향상이 있었다고 생각하는 것'의 제1위는 단연코 '3D에서의 설계 가시화에 의한 커뮤니케이션이나 이해도의 개선'이라고 BIM 도입 기업의 74.9%가 응답하였다.

건물의 형상이나 내부의 공간 등을 고스란히 그대로 3차원으로 재현한 BIM 모델은 완성 후의 건물 상태를 누구라도 한눈에 이해할 수 있고 시공주도 포함한 건설 관계자 사이에서 설계 내용을 원활히 공유할 수 있는 것이 최대의 장점이 되고 있다.

▶▶ 상상한 대로의 건물을 만들 수 있다

예를 들면, 널찍한 방을 희망하던 시공주가 있었다고 하자. 도면에 의한 설계에서는 평면도에서 기둥의 간격을 보고 만족하였더라도, 공사가 시작되면 그곳에 시야를 가릴 만한 두께의 보가 들어가 있는 것을 알아차리고 '이러한 보라면 상의했어야지'라는 아쉬움이 있기 십상이다.

그 점에서 BIM에 의한 설계라면 매우 초기의 설계 단계에서 방해가 되는 보의 존재를 알고, 철근콘크리트 구조를 철골구조로 바꾸어 큰 공간을 확보한다라고 하는 수정을 할 수 있다. 이렇게 하여 시공주는 상상한 대로의 건물을 만들 수 있는 것이다.

▶▶ '설계도서 사이에서의 일관성'도 상위에

동 조사의 제2위는 '설계도서 사이에서의 일관성을 취하기 쉽게 되었다'라는 회답이었다. BIM 모델에서 평면도, 입면도, 단면도와 같은 도면을 만들면 원래 3차원인 것을 기계적으로 추출하여 자동으로 작도하므로 각각의 도면 사이에서 앞뒤가 맞지 않은 문제는 없다. 게다가 마감표나 창호표와 같은 수량 집계에 관한 설계도서도 BIM 모델에서 자동으로 만들 수 있으므로 수작업에 의한 오류도 없어진다.

▶▶ BIM에 의한 고객 만족도의 향상 효과도

동 조사의 3위는 '고객에 대해 좋은 인상을 주었다'(31.0%), 4위는 '시공주의 설계·시공으로의 참여에 의한 협력'(29.8%)으로 고객과의 관계가 BIM에 의해서 개선되었다는 것을 나타내는 결과였다.

일반인인 시공주는 설계 내용을 BIM으로 봄으로써 설계에 대한 의견이나 희망사항을 말하기 쉬워지고, 설계자는 시공주의 희망을 곧바로 설계에 반영할 수 있다. BIM에 의해서 건물도 가전제품이나 자동차처럼 완성품을 가상현실로 보고 나서 구매할 수 있는 것이다. 이러한 안심감이 BIM에 의한 고객 만족도 향상에 결부되고 있는 것이라 할 수 있다.

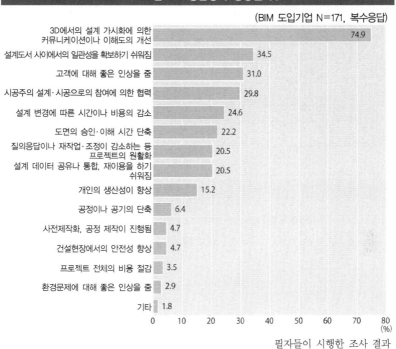

BIM 도입으로 생산성이 향상된 것

(BIM 도입기업 N=171, 복수응답)

항목	%
3D에서의 설계 가시화에 의한 커뮤니케이션이나 이해도의 개선	74.9
설계도서 사이에서의 일관성을 확보하기 쉬워짐	34.5
고객에 대해 좋은 인상을 줌	31.0
시공주의 설계·시공으로의 참여에 의한 협력	29.8
설계 변경에 따른 시간이나 비용의 감소	24.6
도면의 승인·이해 시간 단축	22.2
질의응답이나 재작업·조정이 감소하는 등 프로젝트의 원활화	20.5
설계 데이터 공유나 통합, 재이용을 하기 쉬워짐	20.5
개인의 생산성이 향상	15.2
공정이나 공기의 단축	6.4
사전제작화, 공정 제작이 진행됨	4.7
건설현장에서의 안전성 향상	4.7
프로젝트 전체의 비용 절감	3.5
환경문제에 대해 좋은 인상을 줌	2.9
기타	1.8

필자들이 시행한 조사 결과

1-7

2009년은 일본의 BIM 원년

이 해부터 급속히 보급이 진행

일본의 건설업계에서'BIM'이라는 단어가 알려지기 시작한 것은 2007년경이었다. 그 이전에도 BIM과 같은 3차원 CAD 사용법을 쓴 사람은 있었지만 2009년은 일본의 'BIM 원년'으로 불리며 그 즈음부터 사용자가 급증하고 있다.

▶▶ 2006년의 AIA 전미 대회를 계기로

미국의 건축학계에서는 일본보다 앞서 'BIM 붐'이 일어나고 있었다. 2006년의 미국건축가협회AIA 전미 대회에서는 BIM이 큰 테마로 다루어졌다. 이 대회에 참가하고 있었던 일본의 건축가가 그 열광하는 모습을 목격하고 이후 일본에서도 BIM이라는 단어가 조금씩 알려지게 되었다.

2007년경부터 일본에서도 BIM에 관한 세미나나 심포지엄이 열리게 되고 BIM에 관한 기술 동향이나 활용 사례 등의 정보가 웹사이트를 중심으로 알려지면서 BIM이라는 단어는 조금씩 일본의 건설업계에 침투하였으며 도입을 검토하는 기업도 증가하고 있었다.

▶▶ 일본의 'BIM 원년'을 기점으로 사용자가 급증

2009년은 일본의 'BIM 원년'이라고도 할 수 있는 해였다. BIM에 관한 서적이나 잡지가 여러 권 발행되고 BIM을 도입하는 기업이나 사용자도 이 해를 기점으로 급증하기 시작하였다.

2010년 9~10월에 필자들이 인터넷상에서 실시한 BIM 조사를 봐도 BIM을 활용하기 시작한 해로서 가장 많았던 것은 2009년으로 19.1%였다. 2007

년은 8.4%, 2008년은 11.8%로 조금씩 증가해오고 있었지만 2009년 단숨에 갱신하였다고 할 수 있다.

▶▶ BIM 소프트웨어도 전년 대비 1.5배의 판매

BIM 사용자의 증가가 2009년 이후도 계속되고 있는 것은 BIM 소프트웨어의 판매에서도 알 수 있다. 그 예로 그래픽 Graphisoft가 발매하고 있는 'ARCHICAD'의 판매 금액은 2009년 이후 점점 높아지고 있다.

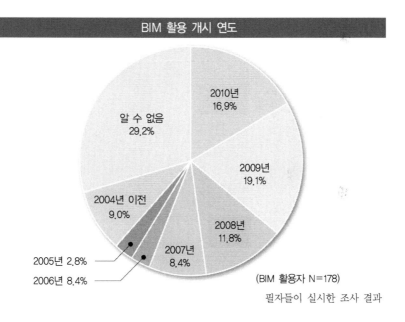

BIM 활용 개시 연도

2010년 16.9%

2009년 19.1%

2008년 11.8%

2007년 8.4%

2006년 8.4%

2005년 2.8%

2004년 이전 9.0%

알 수 없음 29.2%

(BIM 활용자 N=178)

필자들이 실시한 조사 결과

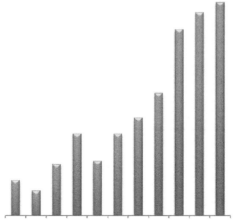

의장 설계용 BIM 소프트웨어 'ARCHICAD'의 판매액

2008 2009 2010 2011 2012 2013 2014 2015 2016 2017 2018

2001년까지는 대기업의 도입이 많고, 2012년 이후는 중소기업의 도입이 증가하고 있다.

자료 제공: Graphisoft Japan 주식회사
* 구체적인 금액은 비공개

1-8

BIM의 효과

'우수함, 저렴함, 신속함'을 실현한다

BIM의 도입으로서 목표로 하는 것은 한마디로 '우수함', '저렴함', '신속함'을 건설업에서 실현하는 것이다. 결국 '품질', '비용', '공기'를 개선하여 노동 생산성을 높이는 것이 목적이다. 게다가 '안전'이나 '환경'도 개선할 수 있다.

▶▶ 'QCDSE'의 개선

건설업에서는 업무의 좋고 나쁨을 판단하는 기준으로 'QCD'라고 하는 단어가 자주 사용된다. Q는 품질quality, C는 비용cost, D는 공기delivery라는 의미이다. 이것에 Ssafety(안전)나 Eecology(환경)를 더한 'QCDSE'를 개선하는 데 BIM이 큰 힘을 발휘한다.

▶▶ 품질(Q)을 향상

BIM을 사용하면 설계 단계에서 건물의 외관이나 내관의 디자인을, 3차원으로 여러 가지 각도에서 납득할 때까지 검증할 수 있다. 벽이나 보의 압박감이나 건물 내부의 전망, 사람의 동선 등을 건물의 사용자 시점에서 체크하여 설계에 반영할 수 있으므로, 시공주가 만족할 수 있는 높은 품질의 건물을 만들 수 있다.

또 구조해석이나 공조 해석 등에 의한 시뮬레이션 결과를 설계에 피드백하여, 한층 더 품질이 좋은 건물의 설계를 추구해나가는 것도 가능하다.

▶▶ 비용(C)을 절감

BIM에 의해 설계 단계에서 시공 중이나 완성 후의 문제점을 해결하는 업무의 프론트 로딩front loading에 의해서 공사 중의 재작업이나 완성 후의 정정 공사가 적어진다. 또 현장 맞춤으로 시공하고 있었던 부재도 BIM 모델에 의해 설계 단계에서 수납이나 형상, 치수를 결정해둠으로써 공장 제작에 의한 사전제작화를 시행하여 시공을 간략화할 수 있다. 게다가 해외 공장에서 부재를 제작하여 수입하는 것도 가능하다. 이러한 것은 비용 절감 효과로 직결된다.

▶▶ 공기(D)를 단축

BIM을 사용함으로써 설계 속도가 상당히 향상된다. 건축 확인 신청에 필요한 평면도, 입면도, 단면도나 마감표, 창호표를 BIM 모델로부터 만들면 일관성을 자동으로 확보할 수 있고, 체크나 수정의 시간이 대폭 줄어든다. 또 시공에서도 설계의 프론트 로딩에 의해 부재를 이른 단계에 발주하여 현장으로의 납품을 빠르게 하거나 시공상의 재작업을 방지할 수 있다.

▶▶ 안전(S)을 확보

BIM에 의해 설계 단계에서 현장 맞춤의 필요가 없는 레벨까지 검토해둠으로써 공장 제작에 의한 사전제작화가 가능해진다. 그만큼 공사 현장에서는 거푸집 등의 가설공이나 고소 작업이 줄어들어 작업원의 수도 줄일 수 있으므로 현장의 안전성이 높아진다.

▶▶ 환경(E)을 보전

3차원 환경시뮬레이션에 의해서 자연광의 이용률이나 건물 내부의 통풍 성능, 연간 공조 부하나 광열비 등 건물의 환경 성능을 자동적으로 계산할 수 있다.

건물의 환경 성능 평가 지표인 'CASBEE' 등의 평가도, BIM으로 설계하면서 목표하는 레벨로 조정할 수 있다.

또 공사 현장에서는 현장 맞춤이나 재작업의 감소, 부재의 사전제작화에 의해 잔재 등의 폐기물이 적어지는 효과도 있다.

BIM의 효과	
품질(Quality)	건물의 설계 품질 향상
	3차원에 의한 체크, 시뮬레이션으로부터 설계로의 피드백
비용(Cost)	건설 비용 절감
	프론트 로딩에 의한 재작업 방지나 사전제작화의 효과
공기(Delivery)	공기 단축
	설계작업의 속도 향상, 부재의 조기 발주, 재작업의 방지
안전(Safety)	안전한 작업
	사전제작화에 의한 고소 작업의 저감, 현장 작업원의 삭감
환경(Ecology)	환경 성능의 향상
	환경 성능의 자동계산, 재작업의 감소, 폐기물의 감소

1-9

프론트 로딩

시공 단계의 과제를 앞당겨서 해결한다

BIM을 사용하여 생산성을 높이기 위해서는 '프론트 로딩업무의 앞당김'에 의해서 시공 시나 완성 후의 과제를 사전에 해결해두는 것이 중요하다. 공사의 수정이나 착공 후의 설계 변경에 의한 비용 상승을 미연에 방지할 수 있다.

▶▶ **프론트 로딩**front loading**이란**

BIM의 세계에서는 '프론트 로딩'이란 단어가 자주 사용된다. 건물의 사양은 처음에는 개략적으로만 결정되어 있으며, 프로젝트를 진행함에 따라 점차 상세하고도 구체적으로 결정되는 것이 보통이다.

그래서 자주 일어나는 일들은 '문제의 뒤로 미룸'이다. 예를 들어, 배관이나 공조 덕트 등 설비의 배치가 명확히 결정되어 있지 않기 때문에 시공 시에 배관과 보가 겹쳐져, 보에 구멍을 뚫는 등의 정정 공사가 발생하는 경우도 종종 있다.

이러한 문제를 앞당겨 검토하여 해결해두는 것을 '프론트 로딩'이라고 한다.

▶▶ **왜 프론트 로딩이 효과적인가**

프로젝트의 매우 초기 단계라면 아무리 설계 변경을 해도 자재 등을 발주한 것은 아니므로 건물의 비용은 대부분 증가하지 않는다.

그러나 프로젝트가 진행해나감에 따라 설계 변경에는 많은 시간과 작업이 필요해지고, 착공 후라고면 한번 만들어진 것을 부수거나, 새로운 재료를 준비해야 한다면 설계 변경에 따른 비용이 훨씬 상승하게 된다.

재시공이란 공사를 진행하고 나서 설계 변경하는 것과 마찬가지인 것이다. 건설업계에서 효율적으로 공사를 하기 위해서는 예전부터 '준비 8분'이 중요하다고 알려져 있는데, 프론트 로딩은 'BIM 판의 준비 8분'이라고 할 수 있다.

▶▶ 프로젝트의 전반에 노력을 전환한다

지금까지 2차원 CAD에서의 설계 업무는 기획 설계나 기본 설계 단계에서는 그다지 큰 노력은 필요하지 않으며, 도면을 대량으로 그리는 실시 설계 단계에서 많은 작업량이 발생하고 있었다.

BIM을 도입하여 프론트 로딩을 실천하는 것은 건물의 구조나 형상, 사양 등을 설계 초기 단계에서 가능한 한 결정해두는 것이다. 결국 설계 변경에 의한 비용이 적고 설계 변경이 용이한 단계인 기획 설계나 기본 설계 단계에 작업량의 피크를 앞당기는 것을 의미한다.

시공 중이나 완성 후의 건물을 상상하면서 다양한 시뮬레이션이나 해석, 간섭체크 등을 하여 프로젝트의 전반부에 많은 것을 결정해가는 것은 '설계의 가시화'라는 특징을 가진 BIM만의 고유한 것이다.

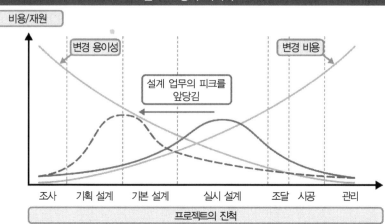

프론트 로딩의 이미지도

비용/재원

변경 용이성

변경 비용

설계 업무의 피크를
앞당김

조사　기획 설계　기본 설계　실시 설계　조달　시공　관리

프로젝트의 진척

──── 종래의 설계 프로세스　　━ ━ ━ ━ 이상적인 설계 프로세스

1-10

IPD

건설관계자에 의한 궁극의 합작품

BIM 세계에서는 'IPDintegrated Project Delivery'라는 말을 듣게 되는 경우가 있다. 시공주나 건축가, 건설회사, 자재업체 등의 관계자가 BIM 모델을 공유하면서 서로 협력하여 좋은 건물을 만들려는 노력이다.

▶▶ IPD와 프론트 로딩은 표리일체

BIM을 사용하여 '우수하게', '저렴하게', '신속하게' 건물을 만들기 위해서는 나중에 발생할 수 있는 시공 시의 과제나 문제점 등을 착공 전 설계 단계에서 해결해두는 프론트 로딩을 실천하는 것이 중요하다.

지금까지는 의장 설계자가 건물의 설계를 마친 후에 설비 설계자가 배관이나 공조 덕트, 전선류의 설계를 하고, 그 후 원청이나 하도급 등의 건설회사가 시공하는 흐름으로 설계가 진행되고 있었다.

그 때문에 의장 설계자는 설비용으로 지나치게 많은 공간을 취하거나 역으로 건물 내부에 배관이나 덕트가 지나치게 집중하는 부분이 생기거나, 건설회사가 시공하기 어려운 설계가 되는 불합리한 점이 많이 발생하고 있었다.

이러한 문제를 해결하기 위해 고안된 개념이 'IPD'라고 하는 것이다. 설계의 초기 단계부터 건축 프로젝트에 관련된 관계자가 한자리에 모여 협력해나가면서 합리적인 설계, 시공을 진행하는 체제를 의미한다.

▶▶ 많은 관계자에게 건물정보를 공유할 수 있는 BIM

건축 프로젝트 관계자의 수도 많고 지리적으로도 여기저기 흩어져 있다. 그래서 설계 중인 건물의 정보를 공유하는 데 BIM이 큰 힘을 발휘한다.

설계 중인 건물의 BIM 모델을 인터넷상의 서버에 보관하여 관계자가 수시로 볼 수 있게 하면 설계 내용이나 진척 상황을 한눈에 알 수 있다. 의장 설계자가 설계 중인 BIM 모델을 설비 설계자나 건설 회사 등 후공정을 담당하는 사람이 보고 문제가 될 수 있는 점이 있다면 사전에 개선할 수 있다.

또 의장 설계자와 구조·설비의 설계자가 동시 병행하여 설계를 진행할 수 있다. 의장, 구조, 설비의 각 부재가 간섭된 경우 그 자리에서 서로 조정할 수 있다.

IPD에서는 시공주의 역할도 중요하다. 미루기 쉬운 디자인이나 구조에 대한 의사 결정을 이른 단계에 시행함으로써 설계·시공 속도가 빨라져 재작업에 의한 비용 상승도 막는다.

이와 같이 건축 프로젝트 관계자 사이에 놓여 있는 프론트 로딩을 실현하는 시스템이 IPD라고 해도 좋을 것이다.

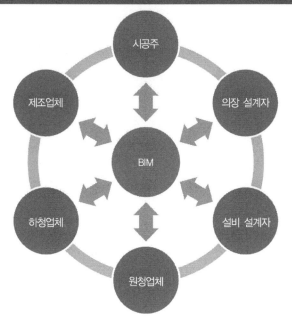

IPD의 개념도

1-11

BIM의 효과를 높이는 조건

설계, 시공, 유지관리의 리스크를 줄인다

BIM에 의해 설계, 시공된 건물에는 관청이나 민간기업 등의 오피스 빌딩으로부터 미술관, 병원, 아파트, 주택, 호텔 그리고 전파탑 등 다양한 것이 있다. BIM이 사용되기 시작한 즈음의 대표적인 건물의 예를 소개해본다.

▶▶ 오피스 빌딩

국토 교통성이 발주한 빌딩으로는 '신주쿠 노동총합청사'(도쿄도東京都)나 '해상보안청 해양정보부 청사'(도쿄도), '기상청 도라노몬虎ノ門청사(가칭)'·'미나토쿠리츠港区立 교육센터'(도쿄도), '마에바시前橋 지방합동청사(가칭)'(군마현群馬県) 등이 있다.

민간기업·단체의 오피스 빌딩으로는 '목재 회관'(도쿄도), '노무라乃村공예사 본사 빌딩'(도쿄도), '오오츠메大塚상회 요코하마橫浜 빌딩'(가나가와현神奈川県) 등이 있다. 이 밖에 '일중日中 우호회관'(도쿄도)에서는 공조 설비의 리모델링 공사에 BIM을 활용하였다.

▶▶ 병원, 호텔

병원으로는 '기타자토北里 대학병원의 신축 병원'(가나가와현), '요코하마橫浜 카멜리아 Hospital'(가나가와현), 양로원으로는 '생생 케어홈 사카이미나토境港 이스트코트'(돗토리현鳥取県) 등이 있다. 호텔은 '베이사이드스퀘어Bay side square 가이케皆生 호텔'(돗토리현)이나, '오쿠시타카하라奥志賀高原 오베르쥬Auberge & 레스토랑 블루엔젤Blue angel'(나가노현長野県)의 리뉴얼 등에서 BIM

이 사용되었다.

▶▶ 학교, 미술관, 전파탑 등

학교 교사로는 '와세다早稲田대학 컴퓨터 센터'(도쿄도)나 '요나고米子공업학교 체육관'(돗토리현), 미술관으로는 '호키ホキ미술관(지바현千葉県) 등이 있다.

전파탑으로는 '도쿄東京 스카이트리Sky tree'(도쿄도)에서 복잡한 철골 부재의 상세 설계나 공장 제작에 사용되었다. 이 밖에 개인 주택으로는 'SHELL'(나가노현)을 비롯하여 다수의 사례가 있다.

BIM으로 설계된 건물의 예

요코하마橫浜카멜리아병원   해상보안청 해양정보부 청사

자료 제공: 타이세이大成건설(주)   자료 제공: (주)야스이安#건축 설계사무소

호키미술관

자료 제공: 주식회사 닛켄日建건설

SHELL   설계: 이데카타로#手孝太郎/알테크닉(www.artechnic.jp)

자료 제공: Nacasa& Partners Inc.

1-12

만국공통어로서의 BIM

해외 프로젝트에서의 의사소통을 편안하게

해외 공장에서 철골 등을 제작할 때 BIM 모델을 통해 기술적인 것은 만국공통으로 거의 이해할 수 있다. 공장이 있는 나라의 언어를 말할 수 없어도 BIM 모델에 의해 부재 제작을 발주할 수 있는 것이다. BIM은 외국어 대체로도 될 수 있다.

▶▶ BIM이 대활약한 상해만국박람회

2010년 개최된 상해만국박람회의 파빌리온 건설에서는 BIM이 대활약하였다. 핀란드관은 핀란드에서 설계하고 중국의 공장에서 부재를 제작하였다. 건설 프로젝트에 관계한 다수의 핀란드인과 중국인 기술자가 유창하게 이야기하는 모습은 좀처럼 상상이 안 간다.

언어가 다른 나라끼리 잘 협력하여 단기간에 철골부재를 제작하고 개회 시간에 맞추어 파빌리온을 건설할 수 있었던 것은 'Tekla Structures'라는 상세 구조 설계용 BIM 소프트웨어가 큰 힘을 발휘하였기 때문이다.

▶▶ 중국의 공장이 BIM 모델을 토대로 제작

파빌리온의 설계는 핀란드 기업이 담당하고, Tekla Structures에서 철골에서 볼트 1개에 이르기까지 상세하게 BIM 모델화하였다. 그 BIM 모델을 중국의 철골공장으로 보내고, 중국인 스탭은 BIM 모델에 의거하여 부재를 제작, 무사히 개회 전까지 파빌리온을 완성시킬 수 있었던 것이다.

이 국제 협력은 핀란드관의 전시물로서 비중 있게 다루어졌다. BIM을 사용하여 파빌리온을 건설하는 과정이 영상으로 소개되어 내장객의 관심을 모으고 있었다.

▶▶ BIM은 만국공통어

외국어가 서툰 기술자라도 세계 속에서 사용되고 있는 BIM 소프트웨어로 설계하면 기술의 '만국공통어'를 사용하는 것과 같은 효과를 발휘할 수 있다.

상하이 만국박람회 핀란드관의 건설

핀란드 기업이 BIM으로 설계

중국 공장에서 제작·건설

볼트 1개까지 3차원으로 설계된 BIM 모델(좌)과 완성 후의 파빌리온 내부(우)

자료 제공: (상, 하좌)주식회사 Trimble Solutions

완성된 파빌리온

외관

내부

1-13

의장 설계용 BIM 소프트웨어

중시하는 기능은 제품마다 다르다

대표적인 의장 설계용 BIM 소프트웨어의 대부분은 외국 제품이지만, 일본산 제품도 있다. 의장 설계의 디자인적인 면을 중시하는 소프트웨어로부터, 구조·설비나 시공 단계와의 연계라고 하는 기술적인 면을 중시한 소프트웨어까지 각각 특징이 있다.

▶▶ '2강'인 'Revit'과 'ARCHICAD'는 외국제품

일본의 건축 설계사무소나 건설회사 등에서 자주 사용되고 있는 BIM 소프트웨어의 '2강'이라 할 수 있는 소프트웨어가 AutoDesk의 'Revit'과 Graphisoft의 'ARCHICAD'이다. Revit은 미국산, ARCHICAD는 헝가리산이지만 일본 시장도 고려하여 개발되었기 때문에 일본 특유의 기능도 많이 탑재하고 있다. 세계적으로 사용되고 있으므로 해외의 설계사무소나 공장과의 데이터 연계를 하기 쉬운 특징이 있다.

▶▶ 유일한 일본산 BIM 소프트웨어 'GLOOBE'

해외 제품이 활개를 치고 있는 의장 설계용 BIM 소프트웨어의 세계에서 유일한 일본산 소프트웨어가 후쿠이福井 컴퓨터의 'GLOOBE'이다. 동사는 주택설계용 3차원 CAD 'ARCHITREND ZERO'를 이전부터 발매하고 있으며, 그 노하우를 살려 일본의 설계 업무에 사용하기 쉬운 BIM 소프트웨어를 개발하였다. 일본 사양의 시공도를 만드는 기능에는 정평이 나 있다.

▶▶ 디자인 면을 중시한 'Vectorworks'

의장 설계용 BIM 소프트웨어 중에서 디자인 면에서의 표현력을 특히 중시하고 있는 것이 A&A의 'Vectorworks'이다. 건물의 외관이나 내관의 디자인이나 프레젠테이션 중심의 업무에 상당히 적합한 소프트웨어이다.

▶▶ 엔지니어링에 강한 'Allplan'

이 밖에 건축뿐만 아니라 토목 구조물의 설계에도 대응하고 있는 Forum8의 'Allplan'이 있다. 의장 설계용 Allplan Exponential과 구조 설계용 Allpan Engineering이 있다. 이러한 것은 엔지니어링 면을 중시한 BIM 소프트웨어라고 할 수 있다.

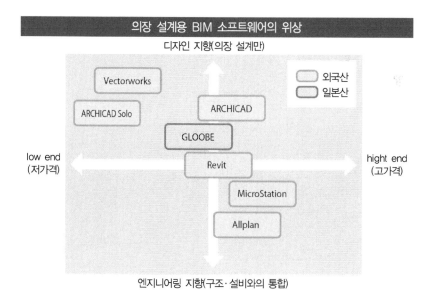

의장 설계용 BIM 소프트웨어의 위상

Autodesk Revit
(Autodesk)

의장 설계에서 구조 설계, 설비 설계까지 폭넓은 업무에 대응할 수 있다. '매스모델'에 의한 외관 디자인이나 일영日影 시뮬레이션 외에 기본설계·상세 설계에서의 설계도서 작성, 게다가 시공 단계에서의 활용도 가능하다. 영구 라이센스는 아니며 1년마다 사용료를 지불하는 'subscription제'를 취하고 있다. 간이판 Revit LT나 각종 BIM/CIM 소프트웨어와 세트로 된 AEC 컬렉션도 있다.

희망소매가격(세금 별도): Autodesk Revit 2019(1년간, single user) 34만 4,000엔, Autodesk LT 2019(1년간, single user) 6만 8,000엔, AEC((1년간, single user) 42만 1,000엔

홈페이지: www.autodesk.co.jp

ARCHICAD
(Graphisoft Japan)

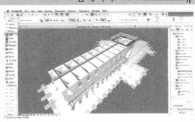

직감적인 조작이 특징으로 디자인성을 중시하고 있다. 복잡한 곡면을 띠는 지붕 형상의 작성 등 모델링 기능이 향상되었다. 하나의 BIM 모델을 여러 명의 사용자가 분담하여 설계할 수 있는 '팀워크' 기능을 생략한 저렴한 가격의 'Solo'판도 있다. Windows판과 Mac판이 있다.

표준가격(세금 별도): ARCHICAD22 84만 엔, ARCHICAD22 Solo 34만 5,000엔

홈페이지: www.graphisoft.co.jp/

GLOOBE
(후쿠이福#컴퓨터)

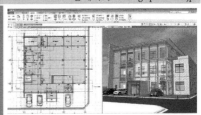

2009년에 발매된 일본산 BIM 소프트웨어. 법적 규제나 외관 디자인, 평면 계획 등 일본 건설업계의 작업 흐름work flow에 적합하다. 법규 체크, VR 등의 옵션도 있다. 'J-BIM 시공도 CAD'나 다른 일본산 판매자의 구조 설계, 수량 적산 시스템의 사이에서 연계강화를 하고 있다.

표준가격(세금 별도): GLOOBE 기본 65만 엔~

홈페이지: www.archi.fukuicompu.co.jp/

Vectorworks Architect
(A&A)

2D와 3D를 전환하면서 손쉽게 사용할 수 있는 3차원 CAD 'Vectorworks'의 건축판. 본격적인 모델링 엔진 'Parasolid'나 rendering engine 'CINEMA4D'를 채용한다. 열환경해석 소프트웨어 'THERMORender'나 다양한 소프트웨어나 플러그인 등도 연계한다. Windows판과 Mac판의 선택이 가능하다.
표준가격(세금 별도): Vectorworks Architect 2019 41만 6,000엔(standalone판)

홈페이지: www.aanda.co.jp/

MicroStation
(Bentley Systems)

고도한 파라미터릭 모델링 기능을 가진 범용 3차원 CAD 소프트웨어. 건축 외에 프로세스 플랜트, 토목, 지리GIS·Mapping, 교량, 도로, 선로, 공항 등 여러 가지에 걸친 분야에서 활용되고 있다. 유럽과 미국 등 해외에 많은 사용자가 있으며, 널리 사용되고 있다.
표준가격(세금 별도): MicroStation V8i 107만 3,000엔

홈페이지: www.bentley.com/ja-JP

Allplan
(Forum8)

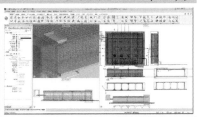

기본 도면이나 프레젠테이션 영상, 상세 시공도의 작성, 수량 산출이나 적산을 연속적으로 할 수 있으며, 건물의 라이프사이클 전체를 설계·표시 가능한 3차원 건축 토목 CAD. Forum8의 VR 소프트웨어 'UC-win/Road' 외에 설계계산 소프트웨어 'UC-1 시리즈', 동적 비선형 해석 소프트웨어 등과도 연계한다.
표준가격(세금 별도): Allplan Exponential 2019(일본어판) 98만 엔

홈페이지: www.forum8.co.jp/

1-14

의장 설계 이외의 BIM 소프트웨어

해석에서 설비 설계까지를 커버한다

BIM 소프트웨어에는 의장 설계 외에도, 구조·설비의 BIM 모델을 작성하는 소프트웨어나 구조나 기류, 에너지 소비량 등을 해석하는 소프트웨어, 다양한 BIM 모델을 통합하여 간섭체크를 하는 소프트웨어 등이 있다.

▶▶ 구조 설계용 BIM 소프트웨어

철골이나 철근콘크리트 구조물의 상세한 설계를 하기 위한 BIM 소프트웨어이다. 예를 들어, 복잡하게 철근이나 철골이 뒤얽힌 기둥과 보의 접합부 등의 설계에서 철근 하나하나의 굵기나 '피복'(철근표면의 간격)을 고려하고, 간섭을 체크하는 기능 등을 갖추고 있다. 상세 설계용 소프트웨어는 볼트 1개에 이르기까지 3차원으로 상세한 구조 설계를 한다.

▶▶ 설비 설계용 BIM 소프트웨어

공조용 덕트나 상하수도, 가스 등의 배관, 전선 등의 설비를 설계하는 전용 BIM 소프트웨어이다. 이러한 설비에는 규격이 정해져 있는 것이 많으므로 부품의 데이터베이스가 충실한 것이 특징이다.

또 배관이나 덕트를 설계하는 소프트웨어에서는 단순히 설비의 3차원 모델을 작성할 뿐만 아니라 배관 구배의 자동 설정이나 압력 손실 계산 등의 기능을 갖추고 있는 것도 있다.

▶▶ 구조해석용 소프트웨어

BIM 모델의 기둥이나 보 등의 정보를 읽어서 다양한 하중에 대한 응력이나 변위 등의 계산을 하는 소프트웨어이다. 구조 설계용 BIM 소프트웨어와 양방향에서 데이터를 교환할 수 있는 소프트웨어 외에 다양한 BIM 모델을 기존의 구조해석 소프트웨어에서 읽을 수 있도록 데이터를 변환하는 소프트웨어도 있다.

▶▶ 기류해석, 에너지해석, 기타 소프트웨어

의장 설계용 BIM 소프트웨어로 설계된 건물의 외형이나 평면 계획, 개구부의 위치·크기 등을 3차원 상태로 읽어 들여 통풍이나 환기 등의 해석을 하는 해석 소프트웨어이다. BIM 소프트웨어와의 데이터 교환은 'IFC 형식'이나 'DXF 형식' 등을 사용하여 시행한다.

또 에너지해석 소프트웨어는 건물의 형상이나 방향, 개구부의 위치, 단열 성능 등이 들어가 있는 BIM 모델을 읽어 들여 월별 공조 부하나 소비 에너지의 양, 광열비 등을 계산하는 소프트웨어이다.

이 밖에 BIM 관련 소프트웨어에는 화재 등이 발생했을 때 빌딩 내의 사람이 피난하는 경로나 시간 등을 해석하는 피난해석 소프트웨어, 다양한 BIM 모델이나 지형 모델을 읽어 들여 자동차나 사람의 움직임을 재현하는 가상현실 소프트웨어, 적산 소프트웨어 등도 있다.

대표적인 BIM 관련 소프트웨어		
소프트웨어 종류	소프트웨어 이름	판매자
의장·구조·설비 설계	Revit	Autodesk
구조 설계	Tekla Structures	Trimble Solutions
구조 설계	Allplan Engineering	Forum8
설비 설계	CADWe'll Tfas	DAITEC
설비 설계	DesignDraft	SYSPRO
설비 설계	Rebro	NYK Systems
모델통합	Navisworks	Autodesk
구조해석용 데이터 변환	SSC	SOFTWARE CENTER
구조해석	Super Build/SS7	UNION SYSTEM
구조해석	Engineer's Studio	Forum8
구조해석	Robot Structural Analysis	Autodesk
기류해석	FlowDesigner	Advanced Knowledge 연구소
기류해석	STREAM	SOFTWARE CRADLE
기류해석	WindPerfect	환경 SIMULATION
피난해석	building EXODUS	Forum8
피난해석	SimTread	A&A
버츄얼 리얼리티	UC-win/Road	Forum8
프레젠테이션	Lumion	Living CG
애니메이션	3ds Max	Autodesk
적산	NCS/HELIOS	NISSEKI SURVEY

COLUMN | BIM의 위력을 과시한 48시간의 가상 설계 공모

보통 건물 설계라고 하면 최소한 몇 주에서 몇 개월의 기간이 필요하지만, 이러한 상식을 깨버린 것이 BIM의 가상 설계 공모 'Build Live'이다.

2009년 2월에 개최되었을 때의 제한 시간은 약 48시간이었다. 이 시간 내에 도쿄만에 접한 가상 매립지에 과제의 건물을 설계한다고 하는 가혹한 것이었다. 참가 팀에는 사전에 설계 과제가 되는 건물의 개요나 부지의 정보 등이 조금씩 공개되었지만, 건물을 구성하는 각 시설의 방 개수나 면적 등 세밀한 수치 데이터는 개시 시에 공개되어 설계 공모가 시작되는 시스템이다.

침가팀은 과제에 있는 건물의 의장 설계를 하고, 이어서 구조 설계나 에너지해석 등 다양한 시뮬레이션을 하면서 설계안을 정리해나간다. 가상 설계 공모라고는 하지만 법령에 준거한 설계를 하는 것은 물론, 기초의 설계나 구조해석, 도면의 작성 등 실제로 시공 가능한 레벨까지 설계를 잘 다듬는 팀도 있다.

각 팀의 디자인 안이나 검토 내용 등의 중간 작성물은 수시로 공유 서버에 업로드하여, 다른 팀이나 인터넷 시청자도 그 내용은 실시간으로 볼 수 있었다. 이 설계 공모를 보고 BIM의 위력을 알게 된 사람도 많았을 것이다.

2011년 개최된 'Build Live 2011'에 참가한 오바야시구미大林組의 팀 'ORANGE ARK'의 오사카大阪 본사 멤버. 즐비하게 늘어선 PC에서 도쿄東京 본사와 연계작업을 하고 있다.

(사진 제공: 이에이리 료우타家入龍太)

제 **2** 장

BIM에 의한 설계

실물과 똑같은 3차원 모델로 건물을 설계할 수 있는 BIM은 설계 내용을 가시화할 수 있는 것 외에 설계 업무를 효율화하여 생산성을 높이는 데 다양한 효과를 발휘한다.

첫째로 BIM 모델을 한번 만들어두면 도면이나 마감표, CG 투시도 등을 자동으로 작성할 수 있기 때문에 설계 작업 속도가 비약적으로 빨라진다.

또 평면도, 입면도, 단면도 등의 설계도서 사이에 모순이 없으며, 설계 내용도 구조 계산이나 해석 등과의 사이에 일관성이 있는 것도 들 수 있다.

그리고 BIM의 효과를 상징하는 것이, 후공정에서 발생하는 부재의 간섭이나 설계상의 문제점 등을 미리 해결해두는 '프론트 로딩front loading'이다. BIM 모델은 건설 프로젝트 관계자 사이에서의 정보 공유도 촉진한다.

BIM으로 할 수 있는 업무란

의장 설계로부터 시공으로도 진행하는 활용

BIM은 건설 프로젝트의 상위 공정인 의장 설계 단계에서 맨 먼저 사용되기 시작하여 그것으로부터 하위 공정인 시공 단계에도 보급되고 있는 중이다. 설계는 기존 2차원 도면에서 시작하여 시공 단계에서 BIM을 사용하기 시작한 예도 있다.

▶▶ 의장 설계자의 BIM 활용이 단연 1위

2010년 9~10월에 걸쳐 저자들이 인터넷상에서 실시한 BIM 활용 실태 조사에 의하면, BIM을 도입하고 있는 업무는 '의장 설계'가 78.9%로 제일 많았고, 이어서 '사전 검토 단계'가 55.6%라는 결과가 나왔다. 이것은 BIM 사용자의 중심이 의장 설계자인 것을 나타내고 있다.

그 작업 내용은 '의장 설계의 프레젠테이션'(81.3%)이나 '공간 이용 계획의 검토'(55.6%)가 압도적이다. BIM의 최대 강점인 '설계의 가시화'를 살린 활용이 많은 것으로 여겨진다.

▶▶ 건축 확인 신청 설계도서를 BIM으로 작성

의장 설계에 이어서 BIM 활용도가 높은 것은 '상세 설계'(28.7%)나 구조 설계(30.4%), '설비 설계'(26.3%), '설계도서의 작성'(22.2%) 등 건축 확인 신청에도 많이 관련 있는 업무이다.

2005년에 발각된 내진 위장 문제를 계기로 하여 2007년에 개정 건축기준법이 시행되었다. 그에 따라 건축 확인 신청이 엄격화됨에 따라 신청 후의 설계 변경이 어려워졌다. 그 때문에 일관성을 가진 건축 확인 신청용 도면 등 설계도서 작성을 BIM으로 시행하는 것이 늘고 있다.

▶▶ 시공 BIM의 활용도 급증

2011년 조사에서는 '시공관리'(19.9%)로의 활용은 아직 많지 않았지만, 2017년에 일본건설업연합회가 종합건설회사나 전문공사회사를 대상으로 실시한 조사*에서는 시공 단계에서의 BIM 활용도 상당히 늘고 있는 것을 알 수 있다. 예를 들어, 간섭체크·마무리의 확인(84.8%)이나 시공성 검토· 시공시뮬레이션(64.6%), 공사 관계자의 합의 형성(57.6%) 등이다.

시공 BIM의 활용이 급증한 것은 BIM을 사용하여 의장, 구조, 설비의 간섭을 사전에 해결하고 나서 시공하면, 재작업 공사가 급감하여 공사 비용 절감으로 이어지는 것이 확인되었기 때문이다. 그 때문에 설계는 기존의 2차원 도면으로 하고 시공 단계에 들어가서 BIM으로 진행하는 케이스도 있으나 그 점에서도 장점이 있다.

---

* 시공 BIM의 style 사례집 2018(일본건설업연합회 건축생산위원회 IT 추진부회 BIM 전문부회).

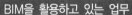

BIM을 활용하고 있는 업무

2011년 조사(전체 건설 단계를 대상)

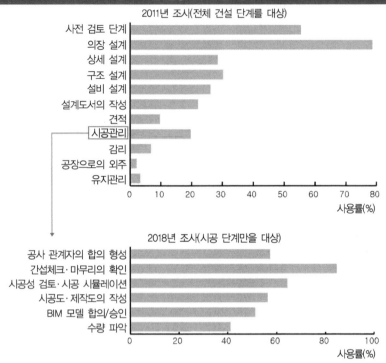

필자들이 실시한 조사 결과

2-2

프레젠테이션

완성된 건물 이미지를 설계 단계에서 본다

BIM이 가장 효과를 발휘하는 점은 시공주로의 프레젠테이션이라고 해도 과언은 아니다. 공사나 설계 업무에서의 신속한 합의 형성으로부터 완성 후의 트러블 방지까지, BIM의 프레젠테이션 기능은 매우 유용하다.

▶▶ 완성 후의 건물을 상상

기존 2차원 CAD로 설계된 건물은 완성되었을 때 '이렇게 멋진 건물을 지으리라고는 상상도 하지 못했다'라고 시공주가 감격하는 경우가 자주 있었다.

한편 BIM을 사용하여 설계나 시공을 진행한 프로젝트에서는 건물이 완성되었을 때 시공주는 '지금까지 BIM 모델에서 보던 대로 건물이 만들어졌다'라며 그다지 놀라지는 않는다.

그 이유는 설계에서 시공, 완성까지의 각 단계에서 시공주는 BIM 모델을 여러 가지 각도에서 보고 완성 후의 건물을 확실히 상상할 수 있었기 때문이다.

바꾸어 말하면 BIM을 사용함으로써 시공주, 설계자 양쪽에 대해 이해의 상충이나 리스크가 적은 프레젠테이션을 하는 것이 가능해진다.

▶▶ BIM을 사용한 여러 가지 프레젠테이션 방법

BIM을 사용한 프레젠테이션은 여러 가지 방법이 있다. 가장 간단한 것은 시공주에게 노트북을 가져가서 설계 시에 사용하고 있는 BIM 소프트웨어의 화면을 그대로 보여주는 방법이다. 도면이나 완성 예상도를 그림이나 사진과 같이 나타낸 CG^{Computer Graphics}, BIM 모델 속을 가상적으로 돌아다니는 워크스루 등 다양한 방법을 사용할 수 있다.

BIM 모델을 스마트폰이나 태블릿 단말로 볼 수 있는 무료 애플리케이션이나 클라우드 시스템도 BIM 소프트웨어 판매사가 제공하고 있다. 이것을 사용하면 시공주가 원하는 시간에 BIM 모델 속을 워크스루하여 설계나 공사 내용을 확인할 수 있다.

예를 들어, BIM 소프트웨어 'ARCHICAD'용 애플리케이션으로 'BIMx' 'Revit'용 'BIM360', 'GLOOBE'용 'ieKuru', 'Vectoworks'용 'Vectorworks Nomad' 등이 있다.

▶▶ 영화와 같은 Movie 작품도

건물 완성 후의 생활 장면을 실감나게 프레젠테이션을 하고자 할 때는 영화를 만드는 방법도 있다. 예를 들어, Living CG가 판매하고 있는 'LUMION' (https://lumion3d.jp)이라고 하는 소프트웨어는 다양한 소프트웨어로 작성된 BIM 모델을 읽어 들여 건물의 안팎에서 자동차나 사람이 움직이거나, 바람 때문에 정원의 나무가 흔들리거나, 새나 나비가 퍼덕이거나, 잔물결이 이는 연못 수면에 햇빛이 반짝반짝 반사하는 특수효과까지 넣을 수 있다.

BIM을 사용한 여러 가지 프레젠테이션

일반적인 노트북을 사용한 프레젠테이션(좌), 각 층의 플로어를 입체적으로 나타낸 '3D평면도'(우) 등도 사용할 수 있다.

사진·자료 제공: 주식회사 요코마츠橫松건축 설계사무소

스마트폰과 태블릿 PC로 워크스루할 수 있는 ARCHICAD용 무료 앱 'BIMx'(좌), BIM 모델을 기반으로 작성한 영화와 같은 Movie 작품(우)

(좌)사진 제공: 주식회사 요코마츠橫松건축 설계사무소, (우)자료 제공: 유한회사 Living CG

2-3

워크스루

BIM 모델 속을 돌아다닌다

아직 현장에는 건물 같은 것은 아무것도 세워져 있지 않아도 완성 후의 세계로 시간 이동한 것처럼 BIM 모델로 만들어진 건물 안팎을 자유자재로 돌아다니는 것이 '워크스루Walk through'라는 기능이다.

▶▶ 가상의 건물 속을 돌아다님

'워크스루'란 건물의 BIM 모델 속이나 밖을 가상적으로 돌아다녀서 건물의 디자인이나 설계 내용을 확인하는 것을 말한다. 도면에서는 알 수 없었던 인간의 눈으로 본 내관이나 외관, 공간의 스케일 느낌, 대들보나 천장의 압박감, 창으로부터 실내를 보는 느낌 등을 실물 건물과 마찬가지로 확인할 수 있다. 지상으로부터의 시점뿐만 아니라 공중이나 인근 높은 건물로부터의 시점에서 체크하는 것도 가능하다.

3D 텔레비전이나 3D 모니터를 사용하여 워크스루하면, 한층 실감나게 건물의 모습을 볼 수 있다.

▶▶ 인간의 스케일로 사용 편리성이나 안전성을 검증

건물의 기계실이나 공장 등 설비가 밀집해 있는 부분에서는 일일 점검이나 유지관리 작업을 위해 사람이 자연스럽게 출입하거나 통과할 수 있어야 한다. 그래서 사람과 동일한 크기의 가상인간에게 BIM 모델의 안을 돌아다니게 하여, 설비나 배관의 사이를 충분히 지나갈 수 있는지, 밸브나 기기를 조작할 수 있는지, 그리고 비계에서 추락할 수 있는 위험 개소는 없는지를 체크할 수 있는 소프트웨어도 있다. 도면으로는 도저히 알 수 없었던 사람의 크기에 근거한 스케일감으로 설계 내용을 체크할 수 있는 것이 특징이다.

►► iPad 등의 휴대 단말로서 워크스루

iPad나 Android 단말 등으로 BIM 모델을 워크스루할 수 있는 애플리케이션도 각 사에서 무상으로 공개되어 있다. BIM 모델 데이터를 변환하여 휴대 단말에 읽어 들임으로써 BIM 소프트웨어가 없는 시공주 등도 손쉽게 워크스루하면서 설계 내용을 확인할 수 있다.

대표적인 애플리케이션으로는 Autodesk의 'BIM360'이나 Graphisoft의 'BIMx', 후쿠이福井컴퓨터 아키텍트의 'ARCHI Box', 지멘스Siemens의 'COMOS Walkinside', Lattice Technology의 'iXVL View' 등이 있다.

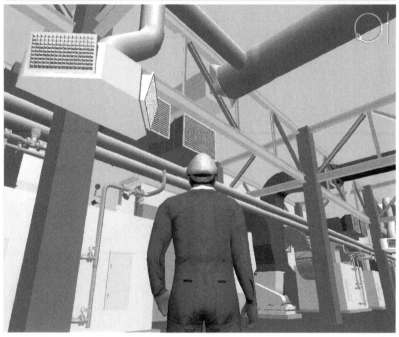

실물 크기의 인간 모델에게 건물 내를 워크스루시켜 설비의 조작성이나 유지관리
성을 체크한 예

자료 제공: 주식회사 SYSPRO

게임 콘트롤러를 사용하여 워크스루할 수 iPad나 iPhone으로 BIM 모델을 워크
있는 타이세이★成건설의 가칭 '입체설계도 스루할 수 있는 Graphisoft의 'BIMx'
시스템'

2-4

간섭체크

부재의 간섭 개소를 순식간에 검출한다

의장, 구조, 설비의 BIM 모델을 하나로 통합하여 부재들이 공간적으로 가로막혀 있는 개소를 발견하는 것을 '간섭체크'라고 한다. 설계의 초기 공정에서 시공상의 문제를 설계 단계에서 해결하기 위해 중요한 작업이다.

▶▶ '3D 총합도'로서 기능

건물의 설계가 끝나고 막상 현장에서 착공이 되었을 때, 시공 담당자가 해야 할 최초의 업무는 의장, 구조, 설비 도면을 1장의 도면상에 정리한 '총합도'라고 하는 것을 만들어 기술자가 눈여겨보면서 간섭(공간적으로 가로막혀 있는 것)하고 있는 부분은 없는지를 확인하는 것이다.

이 총합도와 같이 의장, 구조, 설비의 BIM 모델을 하나로 정리하여 컴퓨터에 의해서 간섭 개소를 찾아내는 작업을 '간섭체크'라 한다.

▶▶ 의장, 구조, 설비의 BIM 모델을 정리

간섭체크를 하기 위해 의장, 구조, 설비 BIM 모델을 하나로 정리하는 작업이 필요한데, 설계용 BIM 소프트웨어에 다른 BIM 모델을 읽어 들이는 경우와 BIM 모델 뷰어 등 별도의 소프트웨어에 여러 개의 BIM 모델을 읽어 들이는 경우가 있다.

그리고 간섭체크의 명령을 실행하면, BIM 모델상에서 간섭 부분이 색 구분 표시되거나 그것에 대응하는 일람표가 표시된다. BIM 모델과 일람표가 링크되어 있는 경우가 많고, 서로 오가며 간섭 부분을 확인할 수 있다.

또 완전히 접촉하고 있는 경우나 접촉하고 있지 않지만 간격이 상당히 좁은 경우 등 간섭의 정도에 따라서 다른 색으로 표시할 수 있는 소프트웨어도 있다. 배관이나 덕트 등은 단열재의 두께나 플렌지 부분의 돌출, 밸브의 꼭지나 조작용 스페이스 등을 고려하여 간섭체크하는 것이 중요하다.

▶▶ 시공을 고려한 4D에 의한 간섭체크

현장에서 시공할 때에는 각 부재를 설치할 장소까지 반입하거나 조립할 필요가 있다. 부재의 반입이나 조립 시에 다른 부재나 가설재 등과 접촉하지 않는지를 시공 순서에 따라 간섭체크하는 것을 4D에 의한 간섭체크라고 한다. 4D란 3D에 시간축을 더한 것이라는 의미이다.

▶▶ 모든 간섭을 없애는 '버츄얼virtual 준공'

의장, 구조, 설비의 간섭이나 시공 시의 간섭, 나아가서는 부재의 매닮 피스나 부착 금구라고 하는 세밀한 부재, 가설재를 포함하여 완전히 간섭 없이 시공 가능한 상태까지 설계나 시공 순서를 검증하는 것을 Takenaka Corporation에서는 '버츄얼 준공'이라 부르고 있다. 여기까지 체크하면 시공의 재작업은 대부분 없다.

구조 부재와 배관의 간섭체크 예	크레인 작업 중 4D에 의한 간섭체크
자료 제공: Trimble Solutions	자료 제공: 미호美保테크노스 주식회사

배관의 간섭체크	'버츄얼 준공'의 이미지
자료 제공: Forum8	자료 제공: 주식회사 Takenaka Corporation

2-5

건축 확인 신청으로의 대응

도면 오류를 없애는 템플릿

2007년에 시행된 개정 건축기준법에 의해서 건축 확인 신청이 엄격해져, 이전과 같이 한번 제출된 도면 등의 설계도서를 뒤에 변경하는 것이 어렵게 되었다. 틀림없는 도면을 작성하기 위해 BIM은 큰 효과를 발휘한다.

▶▶ 도면의 품질은 템플릿과 라이브러리로서 결정

의장 설계용 BIM 소프트웨어를 도입하여 정작 건축 확인 신청용 도면을 그린다고 해도 좀처럼 만족스러운 도면이 그려지지 않아 상당히 어색할 수 있다. 예를 들어, 벽의 중심선 원 둘레의 숫자의 크기나 선의 굵기, 치수선의 화살표 형태, 해칭hatching의 패턴 등 제각각 평소 보는 도면과 미묘하게 다르기 때문이다.

BIM 모델에서 도면을 그리기 위해서는 '템플릿'이나 '라이브러리'라고 하는 자료집을 사용한다. 부재의 외형선이나 치수선, 중심선 등을 구별하여 적절한 굵기나 선 종류로서 작도하도록 설정한 작도용 파일을 '템플릿', 축척에 따른 표현을 할 수 있도록 설정된 3차원 CAD 부품 데이터BIM parts의 집합체를 '라이브러리'라고 한다.

적절히 설정된 템플릿이나 라이브러리를 사용함으로써 동일한 BIM 모델에서도 초기 설정default과는 전혀 다른 도면스러운 도면이 효율적으로 그려지는 것이다.

▶▶ 건축 확인 신청용 템플릿의 예

BIM을 도입한 회사는 독자적인 템플릿이나 라이브러리를 작성하여 BIM 모델로부터 도면을 그리기 위한 꾸준한 작업을 거듭해왔다. 각 사가 동일한 BIM의 인프라 정비를 중복하여 사용하고 있는 것이기도 하다.

그래서 야스이安#건축 설계사무소에서는 2012년 1월에 Revit 대응 템플릿이나 라이브러리를 '의장 설계용 BIM 템플릿 Revit Architecture판'으로 제품화하였다. 가격은 40만 엔대 전반이지만, 선진 BIM 활용 기업의 작도 노하우를 바로 이용할 수 있는 장점이 있다(현재는 판매 종료).

▶▶ BIM에 의한 건축 확인 신청도 시작

건축 확인 신청 시에 심사 기관 측이 BIM 모델을 사용하여 심사하고 확인 완료증을 교부하는 방식도 진행되고 있다. 2016년 8월 건축 설계사무소인 Freedom Architecture Design은 일본에서 처음으로 심사 기관인 주택성능평가센터에 Revit으로 작성한 4호 건축물의 BIM 모델을 제출하고 2건의 신청에 대해 확인 완료증을 교부받았다. 예비 심사에서 BIM 모델을 사용하여 체크하고 그 때 확정된 도면을 사용하여 본 심사를 하는 순서로 실시되었다.

다른 건축 설계 사무소나 심사 기관에서도 마찬가지의 방식이 시작되고 있다.

의장 설계용 BIM 템플릿 Revit Architecture판

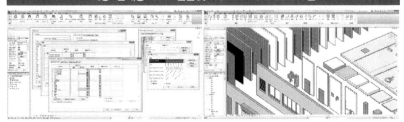

야스이⅘#건축 설계사무소가 제품화하였다. 왼쪽이 템플릿, 오른쪽이 라이브러리집

자료 제공: (주)야스이⅘#건축 설계사무소

BIM 모델 신청용 템플릿

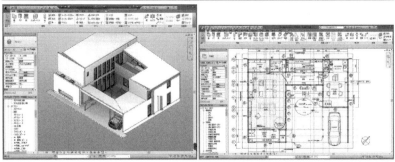

일본 최초의 BIM 모델에 의한 건축 확인 신청에 사용된 템플릿. 건물 데이터는 신청에 사용된 것과는 다르다.

자료 제공: Freedom Architecture Design 주식회사

2-6

볼륨 검토

BIM으로 최대 바닥면적을 확보한다

건물의 높이나 크기는 부지에 정해져 있는 건폐율이나 용적률 외에 주변 토지의 채광성이나 통풍성 등을 확보하기 위해 사선 제한이나 입체각 투시율, 일영日影 규제라고 하는 제약 조건에 의해서 결정된다. BIM 소프트웨어를 사용하면 이러한 검토가 용이하다.

▶▶ 사선斜線 제한이란

건물 주변 토지의 채광성이나 통풍성 등을 확보하기 위해 건물의 높이나 외형은 도로나 인접지 등의 경계선으로부터 공간을 비스듬히 위쪽으로 절취한 가상의 공간에서 돌출되지 않게 계획하도록 건축기준법에 정해져 있다. 이것을 사선 제한이라고 한다.

건물 주위는 도로나 인접지로서 둘러싸여 있는 경우가 많으므로, 각 사선으로 둘러싸인 부분은 복잡한 3차원 공간이 된다. 의장 설계용 BIM 소프트웨어에서는 도로나 인접지 등으로부터의 사선을 전부 클리어하는 공간을 '케이지'라고 하는 입체 형상으로 나타내는 기능이 붙어 있으며, 건물의 BIM 모델을 이 내측에 만듦으로써 사선 제한은 클리어할 수 있다.

▶▶ 입체각 투시율이란

사선 제한의 완화조건으로 건물의 높이나 외형을 규제하는 지표로서 입체각 투시율이 2002년의 건축기준법 개정에서 채택되었다. 건물의 주변에서 하늘을 올려다보았을 때 시야에 얼마나 하늘이 남겨져 있는지를 수치로서 나타낸 것이다. 입체각 투시율을 사용하면 사선 제한에서는 어려웠던 높고 슬림한 건물을 세우기 쉬워진다.

의장 설계용 BIM 소프트웨어에서는 입체각 투시율 계산 기능을 갖춘 것이나 입체각 투시율 계산 소프트웨어를 애드온 소프트웨어add-on software로서 사용하는 경우가 있다. 이러한 것을 사용하여 규제를 클리어할 수 있는 공간을 케이지로서 나타내고 건물을 이 내측에 설계한다.

▶▶ 일영日影 규제란

건물 주위 토지의 일조를 확보하기 위해 건축기준법에서 정해진 규제이다. 부지 경계로부터 5m, 10m 지점에 측정 라인을 설정하여, 그 라인을 넘는 장소에 기준 이상의 그림자가 생기지 않도록 제한하는 것이다. 일영 규제를 만족할 수 있는 건물의 형태를 구하는 역일영逆日影이라는 해석을 하는 소프트웨어도 있다. 의장 설계용 BIM 소프트웨어에서는 일영·역일영의 해석 기능을 가진 소프트웨어나 애드온 소프트웨어에서 이용할 수 있는 것도 있다.

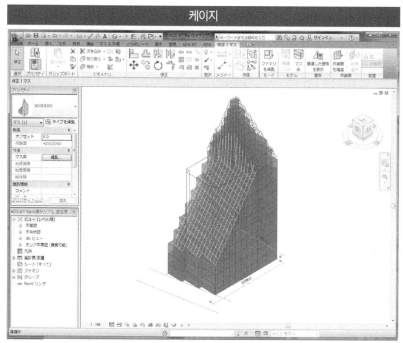

사선 제한과 일영 규제를 고려한 건축 가능한 공간을 BIM 대응 소프트웨어 'ADS-BT for Revit'에서 구한 '케이지'의 예

자료 제공: 생활산업연구소 주식회사

일반적인 높이 제한(좌)과 입체각 투시율(우)을 이용한 건물 볼륨의 비교

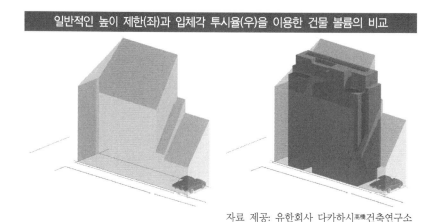

자료 제공: 유한회사 다카하시高橋건축연구소

2-7

일영 시뮬레이션

태양광을 효과적으로 활용한다

일영 시뮬레이션은 건축기준법의 일영규제 검토나 건물 내에서의 자연광 이용, 태양광을 이용한 '겨울엔 따뜻하고, 여름엔 시원한' 건물의 설계 등에 활용된다. 의장 설계용 BIM 소프트웨어의 대부분은 일영 시뮬레이션 기능이 붙어 있다.

▶▶ 일영 시뮬레이션 기능이란

건물의 3차원 형상이나 방향, 부지의 위도, 경도, 높이 그리고 연월일과 시각을 입력하여 태양광을 건물이 차단함으로써 생긴 그림자의 형태를 계산하는 기능이다. 건물이 만드는 그림자의 형태를 시각별로 그림으로 나타낸 것을 일영도라고 한다.

건물 주변의 부지나 주위에 건물이 있는 경우는 벽면이나 지붕 등에 어떠한 그림자가 생기는지 또 건물 내부의 방에 창문을 통하여 어느 정도의 범위에서 태양광이 들이 비치는지를 정확히 계산할 수 있다. 의장 설계용 BIM 소프트웨어의 대부분에는 이 일영 시뮬레이션의 기능이 탑재되어 있다.

▶▶ 일영 규제의 검토

일영 시뮬레이션 기능의 용도로서는 우선, 건축 기준법에서의 일영 규제 검토를 들 수 있다. 건물 주변의 토지에 건물이 만드는 그림자의 법적 규제를 클리어하여 건물이 세워지는 공간을 역일영 해석 등으로 구한다.

▶▶ 차양이나 통풍창의 설계로의 이용

겨울에 따뜻하고 여름에 시원한 건물을 설계하기 위해서는 겨울철은 가능한 한 태양광을 건물 내로 끌어 들이고 여름철은 차양이나 통풍창louver에 의해 건물 내로 태양광이 들이 비치지 않도록 할 필요가 있다. BIM 소프트웨어의 일영 시뮬레이션 기능을 사용함으로써 최적인 차양이나 통풍창을 설계할 수 있다.

예를 들어, 춘분을 기점으로 하여 그 이전의 겨울철은 태양광이 들어오고 여름철은 창문으로부터 태양광이 들어오지 않는 차양의 길이를 결정하거나 통풍창의 각도나 폭을 결정할 수 있다.

▶▶ 태양광 발전이나 태양열 온수기의 효과적 이용

지붕이나 외벽 등에 태양광 발전 패널을 설치하는 경우, 가능한 한 오랫동안 태양광이 비치는 위치에 설치하는 것이 효율적이고 유리하다. 일영 시뮬레이션 기능을 사용함으로써 가장 유리한 설치 위치를 결정할 수 있다.

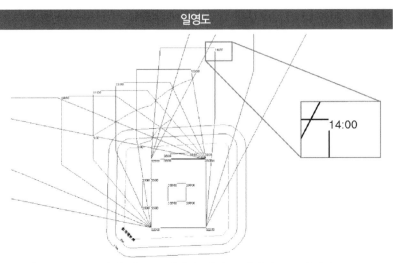

일영도

건물이 주위를 그늘지게 하는 그림자의 범위를 시각별로 구하였다.

자료 제공: 주식회사 컴퓨터 시스템 연구소

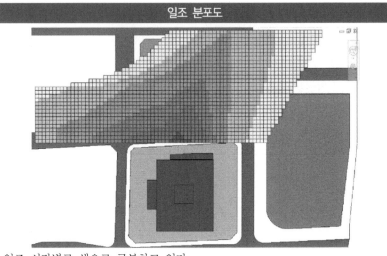

일조 분포도

일조 시간별로 색으로 구분하고 있다.

자료 제공: 주식회사 컴퓨터 시스템 연구소

2-8

구조계산

일관 구조계산과 BIM 모델을 연동

일본 건축업계에서는 일본 특유의 '일관 구조계산 프로그램'이 사용되고 있다.
이러한 소프트웨어와 BIM 소프트웨어를 연동시킴으로서 설계 효율을 높임과
동시에 건축 확인 신청 도면과 구조계산의 일관성을 취할 수 있게 된다.

▶▶ 구조계산과의 연동으로 일관성을 확보

지금까지의 구조 설계 업무에서는 기둥이나 보 등을 단순한 프레임 구조
로서 모델화하여 구조계산 소프트웨어로서 각 하중에 대한 응력도를 체크
하면서 부재 단면의 크기를 결정하고 있었다. 그 결과를 토대로 건물의
구조도를 만들어 건축 확인 신청을 하는 것이 통상의 흐름이다.

여기에서 문제가 되는 것은 구조계산 후 설계 단계에서 기둥이나 보의
위치나 단면의 크기가 변하면 구조계산과 도면과의 사이에 모순이 생기게
된다. 구조 계산과 BIM을 연동시킴으로써 이러한 문제를 해결할 수 있다.

▶▶ 일본 특유의 일관 구조계산 프로그램

일본의 건축업계에서는 일반적으로 일관구조계산 프로그램이 일반적으
로 자주 사용되고 있다. 이 프로그램은 건물의 형태나 크기, 부재의 재질
등을 입력하고 각종 하중에 따른 응력도를 계산함으로써 건축기준법 등에
서 정해진 허용 응력도에 부합하고 있는지 여부를 인쇄하는 기능을 가지
고 있다. 계산 과정을 추적할 수 있기 때문에 건축 확인 검사나 구조계산
적합성 판정 등에서 사용되고 있다.

일관 구조계산 소프트웨어로 작성된 구조모델을 BIM 모델로 변환하는 소프트웨어의 예로서는 Software center의 'SIRCAD'나 각종 BIM 소프트웨어용으로 개발된 애드온 소프트웨어인 'SSC' 시리즈 등이 있다.

▶▶ 일관 구조계산과 BIM 모델의 쌍방향 연계도

일관 구조계산 프로그램과 BIM 소프트웨어의 사이에서 쌍방향으로 데이터를 연계시키는 소프트웨어도 출시되어 있다. Autodesk가 'Revit 2019'의 애드온 소프트웨어로 개발된 'SS3 Link 2019'로서 Union System의 일관 구조계산 소프트웨어 'Super Build/SS3'와의 사이에서 쌍방향의 데이터 연계를 한다. 두 소프트웨어 사이의 데이터 연계에는 CSV 형식을 이용하여 보나 기둥, 벽 등의 정보를 쌍방향으로 교환할 수 있다.

BIM 소프트웨어로 설계 중에 구조부재에 설계 변경이 발생된 경우, 일관 구조계산 소프트웨어로 다시 보내어 응력 검증 등을 확인할 수 있고 더욱 이 부재의 단면을 수정하여 BIM 소프트웨어에 다시 보내는 등 구조계산과 BIM 모델을 완전히 일관되게 할 수 있다.

이 밖에 구조관계 소프트웨어가 많이 대응하고 있는 데이터 교환 표준 'ST-Bridge'를 이용한 일관 구조계산 프로그램과 BIM 소프트웨어의 연계도 실시되고 있다.

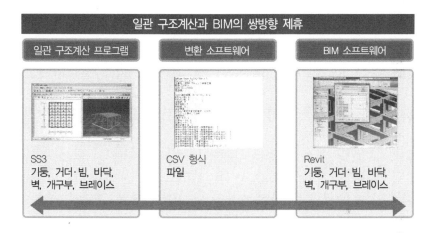

2-9

적산 업무의 속도 향상

적산 소프트웨어와 BIM의 연계

지금까지의 적산 작업은 도면을 보면서 부재의 숫자, 콘크리트의 체적, 거푸집의 면적 등을 끈기 있게 계산하는 것이었다. 그래서 이전부터 사용되고 있는 적산 소프트웨어와 BIM 소프트웨어를 연계시켜 작업을 효율화할 수 있게 되었다.

▶▶ 적산과 수량 집계와의 차이

적산이란 건물의 설계도서에 근거하여 건물이나 가설에 사용되는 자재의 수량을 구하여 건축공사비를 산출하는 것이다. 그렇다면 BIM 소프트웨어의 수량 집계 기능을 사용하여 창호표나 마감표와 같이 BIM 모델상에 있는 각 부재의 면적이나 체적을 자동 계산하면 될 것으로 생각하지만, 그렇게 단순한 이야기는 아니다.

그 이유로는 적산 기준에는 '작은 개구부의 면적은 무시한다' 등 특별한 규칙이 있기 때문이다.

대형 설계회사인 야스이梵#건축 설계사무소는 이전 Revit을 사용하여 적산 수량을 산출하고 적산사무소가 수계산한 수량과 비교하였다. 그 결과 양자의 오차는 5~10% 정도였다고 한다.

▶▶ 적산 소프트웨어와 BIM 소프트웨어의 연계

이전부터 적산 작업에 사용되고 있는 적산 소프트웨어는 적산 기준에 근거하여 수량을 산출하기 위한 기능이 붙어 있다. 다만 CAD 도면을 적산 소프트웨어상에서 트레이스하듯이 건물의 도면을 재입력하는 시간이 걸리고 있었다.

그래서 적산 소프트웨어 측에서의 작업을 경감하기 위해 건물의 속성이 붙은 BIM 모델을 적산 소프트웨어에 읽어 들이도록 하는 연계가 시작되고 있다. 예를 들면, BIM 소프트웨어인 'Revit'이나 'ARCHICAD', 'GLOOBE'는 닛세키ㅁ積서베이의 건축수량 적산·견적서 작성시스템 'NCS/HEΛIOΣ헬리오스'와 데이터 연계할 수 있다.

BIM 소프트웨어로부터 적산에 필요한 속성정보를 유지한 채로, 헬리오스에 읽어 들이기 위해서는 'IFC 형식'이라는 BIM 모델 데이터의 교환 표준 포맷을 사용한다.

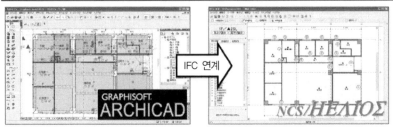

BIM 소프트웨어 'ARCHICAD'로 작성된 건물의 BIM 모델을 적산 소프트웨어 'NCS/HEΛΙΟΣ헬리오스'에 읽어 들일 때는 'IFC 형식'을 사용한다.

헬리오스에서 BIM 모델을 읽어 들이는 화면. 적산에 필요한 부재를 선택하여 지정한다.

헬리오스에서 마감 수량을 적산한다. BIM 모델의 정보를 살려 효율적으로 집계할 수 있다.

자료 제공: 주식회사 닛세키積서베이

COLUMN

LINE으로 업무를 수주하는 요즘 설계자

BIM을 자연스럽게 잘 다루는 설계자가 늘어나고 있다. ARCHICAD를 2008년에 도입한 도치기|栃木현 우쓰노미야|宇都宮시의 요코마츠|横松건축 설계사무소의 요코마 츠쿠니아키|横松邦明 씨도 그 한사람이다.

설계 업무를 수주하기 위한 프레젠테이션도 전혀 힘이 들지 않는다. 예를 들어, 지인으로부터 '폭 4m 미만의 도로와 같은 세장한 토지에 집을 지을 수는 없을까' 라고 상담이 왔을 때 ARCHICAD로서 6시간 정도에 설계하여 그 평면도나 CG 투시도 등을 LINE으로 송신한 결과 그대로 수주하였다는 이야기도 있다.

설계 대상은 목조 주택이나 은행, 보육원, 병원 등 다양하지만, 2D 도면으로 설계 하면서 때때로 3D 화면으로 전환하여 상황을 확인하면서 속도감 있게 수정하고 있다.

스탭이 설계한 도면을 체크할 때도 클라우드에서 BIM 모델을 iPad에 다운로드하 여 'BIMx Docs'라는 어플리케이션으로 체크, 수정 개소를 캡쳐하여 메일로 회신 하는 느낌으로 작업 흐름을 진행하고 있다. 자연스러운 BIM 활용은 향후 BIM에 도전하려고 하는 사람에게도 참고가 될 수 있다.

LINE으로 보낸 CG 투시도(좌)와 평면도(우)
자료 제공: 주식회사 요코마츠|横松건축 설계사무소

제 **3** 장

BIM에 의한 시공

건설 프로젝트의 공기나 공사비의 열쇠를 쥔 시공 단계에 BIM을 활용함으로써 정확한 자재의 수배나 작업의 재시공 방지, 공장 제작에 의한 사전제작화를 하기 쉬워져 생산성 향상에 큰 효과를 올릴 수 있다.

BIM 모델의 데이터 연계 기능을 가진 공작기계는 BIM 소프트웨어로 설계한 대로 목재나 강재를 자동 가공할 수 있고 나아가서는 그루브 용접까지 해준다. 공사 현장에서는 볼트 구멍이나 부재의 설치 위치를 마킹하는 먹매김 작업을 BIM 모델과 연동한 측량기기에 의해서 신속히 실시할 수 있다.

이 밖에 BIM 모델의 속성정보를 QR 코드와 연계시켜 건설 자재를 최적의 타이밍에 현장에 반입하는 Just in time이나 프로젝트 매니지먼트와 연동시킨 공정관리 Free화 등도 가능하다.

3-1

시공 BIM이란

원청과 전문공사회사를 원활하게 연계한다

공사 현장에서는 원청회사가 공사 전체의 계획을 만들고 다수의 전문공사회사가
의장, 구조, 설비 등의 공사를 진행한다. 시공 BIM에 의해서 각 사의 공사나
작업 방법을 가시화하여 재작업 등이 발생하지 않도록 원활한 연계를 도모한다.

▶▶ 상세한 마무리를 시공 BIM으로 검토

실제로 건설을 하는 공사 현장에서는 의장, 구조, 설비의 각 부재가 서로
간섭하지 않도록 원청회사가 만들어 둔 '시공도'나 '종합도', 전문공사회사
가 만들어둔 '제작도'에 따라서 상세한 마무리를 결정하고 있었다.

실시 설계 단계에서 만들어진 BIM 모델은 시공에 사용하기 위해서는
정보가 부족하므로 종합도나 제작도 대신에 상세한 BIM 모델을 원청과
전문공사회사가 만들어 간섭이나 상세한 마무리를 결정해나갈 필요가 있
다. 여기에서 만들어진 상세한 시공용 BIM 모델을 활용하는 것을 '시공
BIM'이라 한다.

▶▶ 70% 작업에서 원청과 전문공사회사의 연계가 필요

공사 현장에서 원청회사와 전문공사 회사의 연계가 필요한 작업은 상당
히 많이 있다. 일본건설업연합체의 연계 워킹그룹*의 조사에 의하면 실제
로 72%의 작업에서 연계가 필요한 것을 알았다. 특히 연계가 요구되는

---

* 일본건설업연합체 건축생산위원회 IT 추진부회 BIM 전문부회 전문공사회사 BIM 워킹그룹. 2014년에
　'시공 BIM의 스타일'을 간행하였으므로 '시공 BIM'이라는 단어가 생겼다.

공사는 '설비공사', '면진공사', '승강설비공사', '외벽·외부 창호공사', '철골공사' 등의 5가지이다. 시공 BIM에서는 단순히 상세한 BIM 모델을 만들 뿐만 아니라 무엇을 해결하기 위해 연계할까라는 목적을 확실히 하여 대처하는 것이 중요하다.

▶▶ 시공 BIM의 효과

시공 단계에서 BIM 모델을 활용하여 각 회사 사이에서 연계를 함으로써 '시공도, 제작도의 일관성 향상', '작업 업무, 체크 기능의 효율화', '제조용 CAD·CAM 데이터와의 연계'라는 효과를 기대할 수 있다.

일본건설업 연합체 워킹그룹이 건축공사의 작업 109항목을 분석하여 시공 BIM이 공사의 Q(품질), C(비용), D(공기), S(안전), E(환경)의 어느 부분에 효과가 미치는 지를 조사하였다. 그 결과 1위는 Q(40%)가 단연 많았고, 이어서 2위가 C(21%), 3위가 D(21%), 4위가 S(14%), 5위가 E(환경)의 순이었다.

당초 계획에서는 계단과 철골이 간섭하고 있었던(좌) 것을 해결하였다(우).

자료 제공: STAIRX 주식회사

철골·설비·내외장 종합모델에서 세부 마무리를 사전 검토하였다.

자료 제공: 카지마鹿島건설 주식회사

철골 설치를 하는 크레인과 비계(좌)나 기존 건물(우)와의 간섭체크

자료 제공: 테켄鐵建건설 주식회사
출전: 일반사단법인 일본건설업연합회 발행, 「시공 BIM의 스타일 사례집 2018」
(공개일: 2018년 7월 4일)
http://www.nikkenren.com/kenchiku/bim/zuhan.html

3-2

BIM 모델 합의

BIM 모델로 합의를 형성하고 승인도에 기록한다

현장에서 철골이나 설비 등을 만들기 전에는 제작도를 만든다. 그 과정에서 부재의 형태나 치수, 마무리, 접속 등에 문제가 없는지를 BIM 모델로서 검토, 합의하는 것을 'BIM 모델 합의'라고 한다. 최종적인 BIM 모델로부터 승인도를 만들어 합의의 기록으로 한다.

▶▶ BIM 모델 합의의 장점

철골에 엘리베이터를 설치하는 경우 등 다른 회사끼리의 부재가 연결되는 이음매 부분 등의 제작도를 만들 때 지금까지는 마무리나 이음매부의 연결 등의 합의나 체크를 다수의 2차원 도면을 만들어 시행하고 있었으므로 매우 번잡한 작업이 필요하였다.

이러한 조정 작업을 BIM 모델을 보면서 실시하게 되면 전체 구조를 이해하면서 그 자리에서 세부 체크나 수정을 할 수 있으므로 원청, 전문공사회사 모두에게 효율적이다.

최종적으로 공사 관계자가 합의에 도달했을 때는 '합의용 BIM 모델'과 '승인도'를 만들고 치수나 특기사항 등의 문자 정보도 포함하여 원청이 승인한다.

▶▶ BIM 모델 합의 순서와 원청의 역할

철골에 공조 위생 설비 등을 설치하는 작업을 BIM 모델 합의에서 시행하는 경우의 순서는 다음과 같다.

(1) 철골의 BIM 모델을 작성하고 이음매의 위치나 높이 등을 표시하여 설비 회사 등에게 제공한다. (2) 설비 회사가 철골의 BIM 모델을 참조하면서 설비 모델을 작성한다. (3) 철골 모델과 설비 모델을 합체하여 부재의 간섭이나 경합 부분을 합의에 의해서 해결하고 BIM 모델 합의를 한다. (4) 합의된 BIM 모델로부터 종래대로 2차원 승인도를 만들고 원청이 승인한다.

원청은 합의된 BIM 모델을 하나로 통합하여 항상 최신 상태인지를 파악한다.

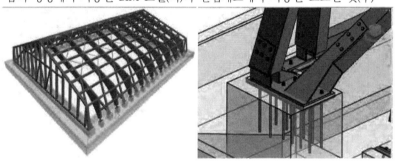

BIM 모델에 의한 합의 형성

합의 형성에서 사용된 BIM 모델(좌)과 간섭체크에서 사용된 스크린 샷(우)

구조용 집성재를 사용한 지붕의 BIM 모델(좌)과 기둥다리 부분의 상세 철물의 마무리 검토(우)

합의 BIM 모델로부터 승인도를 작성

최종적으로 작성된 BIM 모델(좌)로부터 승인도(우)를 작성한다.

자료 제공: 주식회사 안도하자마安藤·間

3-3

3D 시공도의 작성

형태나 마무리를 투시도로 표현한다

현장에서 건설에 사용되는 시공도는 지금까지 평면도나 입면도, 전개도 등 2D 도면으로 작성되어 왔다. 최근은 이러한 것에 추가하여 BIM 모델로부터 작성된 투시도 모양의 '3D 시공도'가 사용되는 경우도 있다. 부재의 형태나 상세한 마무리를 직감적으로 알기 쉽고 작성도 BIM 모델로부터 신속하게 실시할 수 있다.

▶▶ 2D 도면에 비해 알기 쉬움

도면이라는 것은 3차원 입체인 건물을 억지로 2차원 종이 위에 표현한 것이다. 하나의 건물을 표현하기 위해 여러 가지 방향이나 단면으로부터 보고 그것을 복수의 도면 조합으로 표현하고 있기 때문에 한 장의 도면만으로는 어떤 건물인지 알 수 없다.

그 점에서 투시도 모양으로 표현한 3D 시공도는 부재의 형태나 마무리를 한눈에 알아볼 수 있으므로 현장에서의 합의도 원활히 할 수 있다.

▶▶ 설계 변경에도 신속히 대응

2D 시공도는 하나의 부재를 표현하기 위해서는 평면도, 입면도, 단면도 등 많은 도면을 그려야 하므로 매우 힘들다. 복잡한 구조나 형상의 건물일수록 여러 단면으로 자른 도면이 필요해지므로 그만큼 시간과 노력이 늘어난다.

그러한 점에서 3D 시공도는 BIM 모델로부터 투시도를 작성하여 치수선이나 특기사항을 붙이는 정도이므로 작성도 간단하다. 설계 변경이 있을 때의 대응도 신속하다.

▶▶ 여러 회사가 BIM의 장점을 공유

BIM 모델을 3D 시공도로 출력함으로써 아직 BIM을 도입하고 있지 않은 회사도 BIM의 이해 용이성과 높은 일관성을 활용할 수 있다. 그 장점을 알아챈 회사가 BIM을 도입하는 계기가 되는 효과도 있을 것이다.

3D 시공도의 예

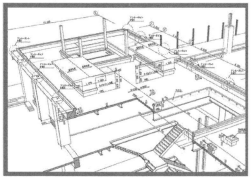

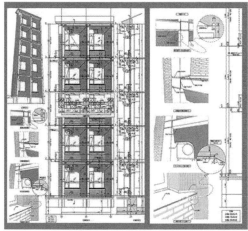

자료 제공: 카지마鹿島건설 주식회사

시공 시뮬레이션

공사의 흐름을 4D로 '가시화'

공사의 흐름과 BIM 모델을 관련지어, 공사의 흐름을 3차원과 움직임으로 가시화하는 것이 시공 시뮬레이션이다. 시공 순서나 공정 계획·관리 외에 중장비나 자재 반입로의 확인, 인근 주민 등으로의 공사 설명 등 폭넓은 용도가 있다.

▶▶ 공정과 BIM 모델을 연계

공사 현장에서는 지반을 굴착하여 기초를 만들고 그 위에 기둥이나 보를 조립하면서 건물을 만들고 있다. 시시각각으로 변하는 시공 중의 건물의 형태나 중장비나 비계재 등의 배치를 공정에 따라서 BIM 모델로서 재현하는 것이 시공 시뮬레이션이다.

시공 시뮬레이션을 할 수 있는 소프트웨어의 예로서 Autodesk의 'Navisworks'가 있다. 화면상에 시간축을 나타내는 바bar가 있으며, 바 위의 손잡이를 움직이면 플립북flip book과 같이 건물이 기초로부터 순서대로 건설되어 올라가는 모습을 볼 수 있다.

또 크레인 등 중장비를 사용하는 작업에서는 크레인 암의 선회나 철골 등의 매달아 올리고 내리는 것을 애니메이션과 같이 재현할 수 있다.

애니메이션과 같이 누구라도 간단히 공사의 흐름을 이해할 수 있으며, 현장을 여러 각도에서 볼 수 있으므로 크레인 오퍼레이터의 시점, 비계 위에서 작업하는 작업원의 시점, 주위에 사는 주민의 시점 등에서 공사의 흐름을 볼 수 있다.

▶▶ 폭넓은 용도

시공 시뮬레이션은 폭넓은 용도가 있다. 그 하나는 공정 계획이다. 공정표와 연계시켜 어느 시점에서 현장이 어떠한 상태가 되고 있을지를 3차원으로 볼 수 있기 때문에 종래의 바 차트와 도면을 대조하여 검토하는 방법에 비해, 작업의 안전성 등을 실시간으로 검토할 수 있다. 또 공사가 시작된 후는 예정과 실제 공사의 진척을 3D로서 확인할 수도 있다.

두 번째는 시공 순서의 확인이다. 프리캐스트 부재를 현장에서 조립해 올리는 순서나 내장, 외장, 설비 등 전문공사회사와 같이 시공 순서에 대한 정보를 관계자 입장에서 검토하고 동일하게 이해할 수 있다.

세 번째는 중장비나 자재의 반입계획이다. 중장비가 가설재나 전신주 등을 피하여 현장에 넣거나, 크레인 작업에서 크레인 암이나 매달아 올리는 중인 자재가 접촉하지 않는지를 확인한다.

네 번째는 인근 주민으로의 설명이다. 공사 중의 출입 금지 지역이나 우회로 등을 도면이 아니라 애니메이션 등으로 설명함으로써 일반인에게도 잘 이해시킬 수 있어 공사의 안전 관리에 유용하게 사용할 수 있다.

시공 시뮬레이션의 예

자료 제공: 스미즈淸水건설 치바千葉 지점

시공 시뮬레이션의 용도

● 공정 계획, 시공 계획
● 시공 순서의 확인
● 중장비나 자재의 반출입 계획
● 인근주민으로의 설명

3-5

수량 집계

볼트 1개까지 정확히 집계한다

BIM 모델의 각 부재에 붙인 속성정보를 살려 고정밀도의 수량 집계를 할 수 있다. 산출 대상은 레미콘의 체적으로부터 철골, 도어나 새시, 비계재, 나아가서는 밸브나 볼트까지 BIM 모델로 표현되는 모든 것이다.

▶▶ 볼트 1개까지 정확히 카운트

속성정보가 붙어 있는 BIM 모델에서는 정확한 수량을 산출할 수 있다. 특히 가설용 비계 재료나 밸브, 새시, 철골 등 공장 생산하여 현장에 반입하는 기자재에 대해서는 강점이 있다. 상세 설계용 BIM 소프트웨어로 철골의 첨접판이나 볼트까지 상세히 만들어진 BIM 모델에서는 볼트 1개까지 각 부재의 수량을 정확히 알 수 있다.

한편 오차가 생기기 쉬운 것은 현장에서 시공하는 거푸집이나 콘크리트 타설, 철근, 벽지 등의 수량이다.

주의하지 않으면 안 되는 것은 BIM 모델상에서 동일한 부재가 이중 입력되고 있는 오류이다. 겉보기에는 1개의 보라도, 실제로는 2개의 보가 정확히 중첩되어 입력되어 있는 경우도 있다. 수량 집계 전에는 간섭체크를 정확히 하여 이중 입력을 확인할 필요가 있다.

▶▶ 적산과 수량 집계의 차이

적산과 수량 집계는 비슷하면서도 다른 것이다. 적산은 적산 기준의 규칙에 따라서 산출한 부재 수량이다. 그 때문에 벽에 작은 구멍이 뚫어져 있는 경우, 그만큼의 콘크리트나 벽재는 공제하지 않았거나 배관의 단부를 가리는 닫힘판 등은 무시하여 집계한다. 부재의 발주 단위나 부재의 손실 등을 고려한 '실무적인 수량'에 가깝다고 할 수 있다.

한편 수량 집계는 BIM 모델상에 있는 부재를 종류별로 기계적으로 집계한다. 그 때문에 콘크리트에 조금이라도 개구부가 있으면 레미콘의 양을 공제하고 배관의 마개판도 셀 수 있다. 말하자면 '물리적인 수량'에 가깝다고 할 수 있다.

이 밖에 표준 치수의 강재를 절단하였을 때의 토막재 발생이나, 콘크리트 상면의 거푸집 재료 유무 등 세밀한 요소가 있으므로 적산과 수량 집계의 차이는 여러 부분에서 생긴다.

▶▶ 물건을 파는 측의 무기가 되는 수량 집계 기능

원도급사와 하도급사가 각각 주장하는 수량이 다르다는 문제는 지금까지도 종종 발생하고 있었다. 그 원인은 원도급사와 하도급사가 가지고 있는 정보량의 차이에 있다.

예를 들어, 건물의 도면에는 철근의 개수나 간격 등은 작성되어 있으나 철근들이 구체적으로 어떻게 배근되는 것인지까지는 알 수 없다. 한편 철근 전문공사회사는 실제로 철근이 조립되도록 상세하게 검토하여 표준 치수의 철근으로부터 어떻게 잘라내고 토막재는 어느 정도 발생할 것인지를 고려하여 수량을 결정하기 때문이다.

원도급사는 상세한 BIM 모델을 만들어 수량을 산출해둠으로써 하도급사의 견적의 정확성이나 타당성을 충분히 체크할 수 있게 되어 교섭력이 증가하게 된다.

BIM 모델에 의한 수량 집계의 이미지

부재	사양	수량
I형강	I-300×600×9-5000	15
I형강	I-200×100×7-3500	32
강관	φ400×12×8000	12
접합판	PL300×600×10	68
접합판	PL400×600×10	40
볼트	M20×60	50

'Tekla Structures'

자료 제공: 주식회사 Trimble Solutions

3-6

철근의 상세 설계

복잡한 배근의 간섭을 막는다

최근의 건물은 철근 양이 증가하여 보와 기둥의 접속부나 기초 등에서는 철근이 밀집하여 서로 간섭되거나 레미콘 타설을 위한 간격이 충분하지 않은 경우가 있다. 그런 경우에는 BIM으로 철근 하나하나를 3차원 모델화하여 간섭을 체크함으로써 완전한 배근이 가능해진다.

▶▶ 철근의 굵기나 곡률 반경이 문제로

최근의 건물은 내진성 향상이나 장수명화 등 때문에 이전의 건물보다 철근 양이 증가하고 있다. 그 결과 철근의 굵기나 절곡할 때의 곡률 반경을 고려하면 마무리가 어렵고, 철근끼리의 간섭 때문에 레미콘 타설 시 철근 사이의 간격이 충분하지 않아 조골재가 통과하지 못하는 경우도 증가하고 있다.

그래서 BIM 소프트웨어를 사용하여 철근의 굵기나 곡률 반경을 고려하면서 철근을 3차원 모델화하여 설계 단계에서 간섭체크를 함으로써 현실적인 배근도를 작성할 수 있다. 이 작업에 사용되는 BIM 소프트웨어로는 Trimble Solutions의 'Tekla Structures'나 Autodesk의 'Revit' 등이 있다.

▶▶ Tekla Structures의 철근 모델링 기능

Trimble Solutions의 상세 구조 설계용 BIM 소프트웨어 'Tekla Structures'에는 철근을 3차원 모델화하는 기능이 있다. 일본의 배근 지침인 『철근콘크리트조 배근지침·동해설 2010』(일본건축학회)에 근거하여 3차원으로 배근 설계하여, 간섭체크를 하는 기능이 있다. 이 기능에 의해 설계 단계에서 확실히 조립할 수 있는 배근 설계를 할 수 있다.

이 밖에 철근의 간격 변경에 연동하는 '철골 관통공 작성 컴포넌트'나 일본에서 자주 사용되는 스트럽이나 기둥 두부 보강근 등의 배근 부품집 인 '배근 컴포넌트'도 준비되어 완성된 철근 모델로부터 철근 가공도 등을 작성하는 기능도 있다.

▶▶ 토목 분야에서도 사용할 수 있는 Revit

Autodesk의 BIM 소프트웨어 'Revit'도 철근을 3차원 모델링하여 간섭체크를 할 수 있다. 이 소프트웨어는 건축뿐만 아니라 고가교 등의 콘크리트 구조물의 배근 설계 등 토목 분야에서도 사용되고 있다.

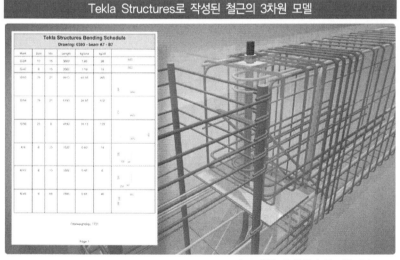

자료 제공: 주식회사 Trimble Solutions

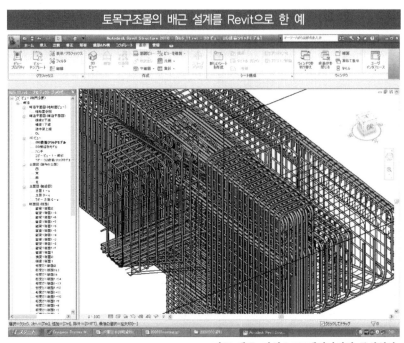

토목구조물의 배근 설계를 Revit으로 한 예

자료 제공: 야치요ᄉ千代엔지니어링 주식회사

3-7

강관의 절단

용접 그루브 부착 강관을 자동으로 작성한다

BIM 모델의 데이터를 공장의 CNC컴퓨터 수치제어 공작기계와 연계시켜, 강관이나 H 형강 등을 자동 절단하는 시스템이 개발되어 있다. 용접 시에 필요한 '그루브'도 가공한다. 도쿄東京스카이트리의 건설에서도 사용되었다.

▶▶ 복잡한 절단면을 자동가공

도쿄스카이트리와 같은 다수의 부재로 이루어진 트러스 구조물을 강관이나 H형강으로 만들 때, 각 부재의 길이나 접합부의 단면, 각도를 관리하는 것은 중요하다. 특히 여러 개의 강재류가 다양한 각도로서 만나는 부분은 복잡한 3차원 단면 형상이 된다. 강관과 같은 곡면이 추가되면 단면은 한층 복잡해진다.

그래서 BIM 모델의 데이터를 공장에서 사용되고 있는 강재 절단용 공작기계와 연계시켜, 자동적으로 복잡한 3차원 형상을 잘라내는 시스템이 개발되어 있다. 절단용 토치의 끝이 상하좌우로 향하기 때문에 '용접 그루브'도 가공하는 높은 성능을 가지고 있다.

▶▶ 3차원 CNC 파이프 절단기

예를 들어, 마루히데코키丸秀工機의 3차원 CNC 파이프 절단기 'PIPE COASTER HID 시리즈'와 Trimble solutions의 상세 설계용 BIM 소프트웨어 'Tekla Structures'는 양사가 개발한 'PIPELABO'라고 하는 소프트웨어를 통하여 연계할 수 있도록 되어 있다. BIM 모델 데이터를 파이프 코스터Pipe

Coaster에서 사용하는 절단 데이터로 변환하여 강관이나 각형 강관을 자동적으로 절단할 수 있도록 한 것이다.

도쿄스카이트리는 지상부에서는 삼각형의 단면이 위로 가면서 원형으로 변화해나가는 복잡한 형상이다. 이것을 입체 트러스로 만들면 동일한 형태의 부재는 대부분 없고, 강관으로 만들어진 각 부재의 절단면은 상당히 복잡하다. 이러한 각기 다른 형태의 부재를 만들 때 BIM 모델과 공작기계의 연동 시스템을 사용하면 오차가 없는 정확한 부재를 제작할 수 있다.

BIM 모델과 공작기계의 연계 이미지

BIM 모델을 PIPELABO로 읽어 들임

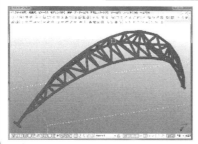 

파이프 코스터로 절단

완성된 부재의 용접가공

자료 제공: 주식회사 마루히데코키丸秀工機

3-8

설비의 사전제작화

배관이나 공조덕트를 공장 제작한다

BIM으로 현장 맞춤이 필요 없는 설계를 할 수 있게 되면 배관이나 공조 덕트, 배선 등을 하나로 합친 모듈로서 공장에서 만들어둘 수 있다. 현장에서는 설치하기만 하면 되므로 작업의 안전성이나 효율이 대폭 높아진다.

▶▶ BIM으로 제작과 설치를 분리

지금까지 배관이나 공조, 배선 등의 설비 공사는 건물의 구체 설계가 끝난 후에 설계가 시작되며 현장에서 작업할 수 있는 것도 구체가 완성된 후 내장 공사를 시작하기까지의 짧은 기간에 한정되고 있었다. 게다가 건물과의 간섭이 현장에서 발견되는 것도 종종 있으므로 현장 맞춤 작업도 많아 인해전술로서 좌충우돌하면서 시행되는 경우도 자주 있었다.

BIM을 사용하여 프론트 로딩을 하여 현장 맞춤이 필요 없는 설계가 실현되면 설비도 공장에서 제작하여 두고 현장에서는 시공만 하는 심플한 공정을 실현할 수 있다. 제작과 설치 장소를 분리할 수 있기 때문에 공장에서 미리 제작하여 두는 '시공의 프론트 로딩'도 가능해진다.

▶▶ 배관, 덕트, 전선 등을 모듈화

미국의 MMC Contractors사에서는 BIM으로 설계된 배관이나 공조 덕트, 소화용 배관, 나아가서는 전선까지 설계 일식을 하나로 합친 모듈로서 공장 제작하여 현장에서는 설치만 하면 되는 신공법을 개발하였다.

공장에서 제작한 모듈은 트럭 등으로 현장에 운반하여 설치하는 층에 반입한다. 각 모듈을 설치하는 장소의 천장에는 이미 부착용 금구가 설치되어 있어 그곳까지 롤러로 굴려서 이동시켜 들어 올리는 것만으로 설치할 수 있다. 그리고 모듈 사이의 배관이나 덕트를 접속하면 작업이 완료된다.

욕실이나 병실 등은 일본의 붙박이 욕실unit bath을 대형화한 이미지로서 배관이나 덕트, 조명, 통신기기, 그리고 판금 부재를 1set으로 사전제작하여 현장에서는 조립만 하면 된다.

이러한 공법이 보급되면 고품질, 저비용, 짧은 공기라고 하는 이점들이 많아진다. 그리고 시공에 필요한 작업원이나 고소작업도 줄고 현장의 안전성도 높아진다. 현장에서 일하고 있었던 작업자도 사전 공정의 공장에서 일하게 되어 '사람의 프론트 로딩'도 진행될 것이다.

착공 전에 BIM에 의해 구체나 설비류의 간섭이 없는 설계를 한 예

배관, 공조덕트, 전선을 하나의 모듈로서 공장 제작하고 현장에서 부착만 하는 공법도 가능해진다.

자료 제공: MMC Contractors

3-9

먹매김

도면상의 위치를 현장에 투영한다

건물을 건설할 때 기초나 구체, 설비 등을 정확한 위치에 시공하기 위해 먹매김이라고 하는 작업을 한다. 지금까지는 2인 1조로 실시해왔던 작업이지만, BIM 모델과 측량기기를 조합시킴으로써 1인이 작업할 수 있다.

▶▶ BIM 모델을 먹매김에 활용

먹매김이란 도면상에 그려진 부재의 부착 위치 등을 바닥이나 벽 등의 해당하는 장소에 표시하는 것이다. 지금까지는 2인 1조로 도면을 한 손에 들고 토탈스테이션이나 줄자 등을 사용하여 현장을 측정하면서 표시를 해나가기 때문에 시간이 걸리는 작업이었다.

BIM 모델의 위치 데이터와 토털스테이션 등의 측량기기를 연계시키면 BIM 모델 위의 좌표 점을 현장의 바닥에 가시광 레이저에 의해 핀 포인트로서 비출 수 있어 효율적으로 먹매김을 할 수 있다.

▶▶ 작업 효율이 대폭 향상

BIM 모델을 먹매김에 사용하면 작업 효율도 기존의 5배 정도로 올라가는 것으로 알려져 있으며, 작업은 1인으로도 가능해진다. 도면에서는 자동적으로 좌표를 읽어 들이므로 좌표의 입력 오류도 작아진다.

또 가시광 레이저를 사용하여 작업하므로 야간에도 작업할 수 있다는 상점이 있다. 이 밖에 기존의 건물이나 설비의 좌표값을 계측하여 BIM 모델에 피드백하는 것도 가능하다.

▶▶ 현장에 1/1 축척의 도면을 그리는 먹매김 로봇

먹매김은 통상 '점'으로 하지만 현장에 실제 크기의 도면을 그리는 로봇
도 개발되고 있다. 지금까지는 공조, 위생, 전기 등의 각 설비의 담당자가
제각기 실시하고 있었던 먹매김 작업을 CAD 데이터를 통합함으로써 한
번에 먹매김할 수 있다. 이러한 로봇을 활용하면 현장이 고요해진 야간에
로봇에 의한 무인 먹매김을 하는 것도 가능하여 현장의 생산성 향상에
도움이 된다.

자료 제공: 이에이리 료우타家入龍太, (우)자료 제공: 야하기矢作건설공업 주식회사

먹매김 로봇의 예

히타치ᴴ°플랜트서비스가 개발한 '자동 먹매김 로봇'(좌). 신료^{新寮}냉열공업이 개발
한 '시공도 묘화 로봇'이 바닥면에 그린 실제 크기의 도면(우)

자료 제공: (좌)주식회사 히타치ᴴ°플랜트서비스, (우) 신료^{新寮}냉열공업 주식회사

3-10

해외 공장에서 자동 가공

컴퓨터 제어로서 부재를 절단한다

언어가 통하지 않는 외국에서도 기술자들이 BIM 모델만 봐도 건물 등의 설계 내용을 알 수 있다. 언어의 장벽을 넘어 비용이 저렴한 현지 공장에서 부재를 제작하여 현지에서의 건설 프로젝트에 사용되거나 수입하여 일본 내 프로젝트에서 활용할 수 있는 것이다.

▶▶ 언어가 통하지 않는 칠레에서 발전소 건설

일본에서 볼 때 지구 반대쪽에 있는 칠레는 큰 시차나 거리, 언어나 문화가 다르기 때문에 일본 기업이 현지의 건설 프로젝트를 직접 살피는 것은 어렵다고 생각하기 마련이다.

그렇지만 미쯔비시三菱중공업은 칠레의 발전·송전회사, 구아콜다Empresa Electrica Guacolda S.A.사가 발주한 석탄화력 발전설비(출력 15만 2,000kW)를 큰 문제없이 2009년 9월에 무사히 완성시킬 수 있었다. 원활한 시공 뒤에는 BIM 모델의 효과적인 활용이 있었다.

▶▶ BIM 모델로서 설계 내용을 전달

칠레의 공용어는 스페인어이다. 일본 사람과는 영어로도 원활한 의사소통이 어려운 면이 있었지만 이러한 악조건을 극복하기 위해 만국공통어로서의 BIM이 활약하였다.

BIM 모델에 입력된 속성정보에 의해 부재의 재질 등 기술적인 정보는 양국의 기술자 사이에서 문제없이 서로 이해할 수 있었기 때문에 의견

교환이나 합의에 소요되는 시간을 대폭적으로 줄일 수 있었다.

▶▶ 컴퓨터 제어 공작기계도 활용

이 프로젝트에서 미쯔비시 중공업은 'Tekla Structures'와 'STAAD Pro'라는 소프트웨어를 사용하여 일본에서 설계하고 BIM 모델 데이터를 칠레의 철골 제작 회사인 에디세EDYCE사의 공장에 반입하였다. 컴퓨터 제어 공작 기계를 활용하여 2,226t의 강제 부재를 제작한 것이다.

BIM으로 설계된 석탄화력발전소의 BIM 모델

자료 제공: 미쯔비시三菱중공업 주식회사

물류관리

저렴한 해상 컨테이너 공간을 완전히 활용한다

현장에 반입하는 보나 기둥 등의 부재를 BIM으로 해상 컨테이너에 꼭 들어맞는 크기로 설계하면 해외 공장에서 제작하여 운임이 저렴한 컨테이너선으로 수입할 수 있다. 엔고 장점을 살릴 수 있을 뿐만 아니라 컨테이너는 임시 창고로도 사용할 수 있다.

▶▶ 해상 컨테이너로 Just in time을 실현

미쓰비시Ξ菱 중공업은 일본의 어느 플랜트 건설에 사용하는 철골부재를 중국의 철골공장에 발주할 때 합계 약 1,000t에 달하는 부재를 상세 설계용 BIM 소프트웨어 'Tekla Structures'를 사용하여 40피트 컨테이너에 실을 수 있는 사이즈로 설계하였다. 그 BIM 모델 데이터를 중국 철골 공장에 보내고 공장에서는 CNC 공작기계를 사용하여 강재를 절단하고 용접 가공하였다.

그리고 컨테이너선을 사용하여 일본에서의 가설 순서에 따라 부재를 일본으로 수송하였다. 이를테면 해상 컨테이너에 의한 Just in time을 실천한 것이다. 일본과 중국 사이에는 매일처럼 컨테이너 선이 운행하고 운임도 저렴하다. 하역한 후는 컨테이너 자체가 창고 역할을 담당하므로 비바람으로 부재가 손상될 우려도 없었다.

▶▶ BIM으로 컨테이너로의 적재를 시뮬레이션

해상 컨테이너를 사용한 수송을 효율적으로 하기 위해 설계 단계에서는 각 부재가 컨테이너에 적재되도록 치수나 형상, 적재 방법을 Tekla Structures

에 의해 시뮬레이션하였다. 큰 부재의 간극에는 난간 등의 작은 부재를 빼곡히 적재하여 컨테이너 내부의 공간을 효과적으로 이용하였다.

▶▶ QR코드로 물류를 실시간으로 관리

각 부재에는 BIM 모델상의 부재 번호를 QR 코드(2차원 바코드)에 인쇄하여 부착하였다. 제작이 완료되었을 때나 공장 출하 시 등 물류의 구분이 되는 단계에서 바코드를 읽어 들였다. 그 정보를 메일로 관계자에게 송신하여 표 계산 소프트웨어 'Excel'상에서 자동적으로 정리하고 공정관리 소프트웨어인 'MS 프로젝트'나 Tekla Structures와 연계시켜 실시간으로 공정관리를 하였다.

Tekla Structures에 의한 해상 컨테이너로의 적재 시뮬레이션

BIM 모델

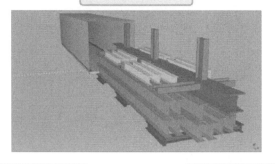

해상 컨테이너로 수송

QR 코드에 의한 물류관리

일본에서의 육상 수송

현장에서의 가설 작업

사진 제공: 미쯔비시ᴴⁱ중공업 주식회사

3-12

시공관리

BIM으로 시공관리를 5D화한다

건물 등의 형상을 나타내는 3D에 시간과 비용의 요소를 추가한 것을 5D라 한다. 해외에서는 BIM 모델과 공정관리, 비용 관리를 합친 5D로 시공관리를 하는 소프트웨어가 등장하고 있다.

▶▶ 5D로 시공관리를 하는 'VICO Office'

미국의 Trimble Navigation이 개발한 시공관리 소프트웨어 'VICO Office'는 건물의 BIM 모델을 읽어 들여 시간과 비용을 고려한 시공계획이나 시공관리를 하는 기능을 가지고 있다. BIM 모델의 통합·열람이나 프로젝트 매니지먼트, 각종 보고서의 작성 등을 할 수 있다. 공정관리에서 자주 사용되는 갠트차트gantt chart나 S 커브 등의 도표도, BIM 모델로부터 자동적으로 작성할 수 있도록 되어 있다.

▶▶ 설계 변경과 공기, 비용의 관계를 설명

VICO Office의 특징은 BIM 모델과 시간, 비용이 연동하는 것이다. 그 때문에 현장에서의 시공 상황과 공기, 비용의 일관성을 확실히 취할 수 있다. '왜 이렇게 공사가 지연되는가', '비용 증가의 원인은 무엇인가'라고 시공주가 물었을 때도 BIM 모델과 공기, 비용의 관계를 추적 조사함으로써 BIM 모델상의 어느 부분이 공기나 비용에 영향을 주고 있는지를 구체적으로 설명할 수 있다.

▶▶ 해외 공사의 설명 책임에 효과

특히 해외 프로젝트에서는 비용이나 공기, 부재의 사양 등에 대해서 사실에 근거하여 명확히 설명할 수 있는 설명책임accountability 능력이 중요하다.

이 소프트웨어는 설계 변경 이력을 완전히 기록하고 시공주에게 설명할 수 있는 수십 쪽의 영문 보고서를 자동적으로 작성할 수 있는 기능이 포함되어 있다. BIM 모델을 사용하여 공정의 진척 상황을 관리해가는 것만으로 귀찮은 보고서 작성을 자동화할 수 있다.

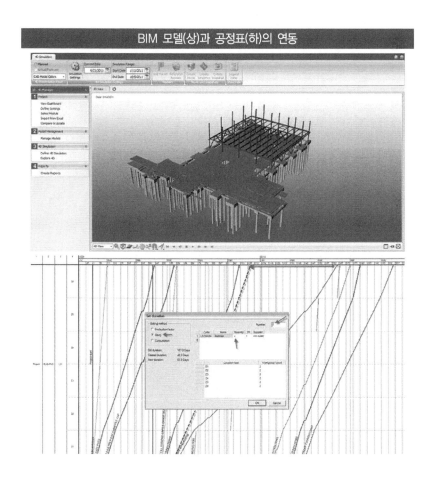

BIM 모델(상)과 공정표(하)의 연동

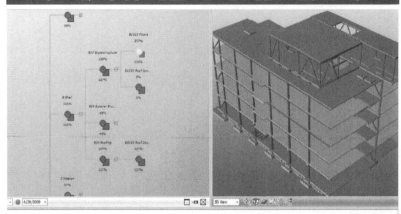

공기 지연, 비용 상승의 원인을 BIM 모델과 연관하여 설명하는 기능

자료 제공: Trimble Navigation Limited

30층 빌딩을 360시간에 건설

중국의 원대집단遠大集团, BROAD GROUP이라고 하는 건설회사는 건물의 구조재나 내외장재, 설비 등 대부분 모든 부재를 공장 제작하여, 현장에서는 조립만 하는 궁극적인 사전제작화를 실제로 실시하여 30층의 오피스 빌딩을 불과 360시간 (15일 만) 만에 건설하였다.

동영상 투고 사이트 'YouTube'의 동영상을 보면 공장에서는 각 층의 바닥에는 타일이나 배관 등의 설비를 미리 부착해두고, 그 층의 자재를 바닥 위에 세트하여 트레일러로서 현장으로 반입한다. 그리고 주야 동시 24시간 작업으로 타워 크레인을 이용하여 바닥째 각 층에 설치하여 조립한다. 게다가 철골 기둥이나 상판 외에 침대 등의 가구까지 시공하고 있는 것을 알 수 있다. 건설업계의 상식을 파괴하는 경이로운 속도라고 할 수 있다.

현장 맞춤을 하다 보면 이처럼 짧은 시간에서의 건설은 무리이다. 모든 부재의 간섭을 사전에 해결하여 설계를 확정해두는 것이 필요하다. 비야흐로 궁극의 프론트 로딩이라고 말할 수 있다.

360시간에 완성한 30층 빌딩의 시공 순서

자료 제공: 원대집단遠大集团

제 4 장

BIM의 도입 방법

BIM을 도입하여 설계 업무의 생산성 향상을 실현하기 위해서는 단순히 도구로서 BIM 소프트웨어를 구입하기만 하면 되는 것은 아니다.

BIM 소프트웨어의 조작 방법을 효율적으로 마스터하는 것은 물론, 도면이나 마감표 등의 설계도서를 반자동적으로 작성하기 위한 템플릿이나 CAD 부품에 상당하는 라이브러리도 필요하다. 또 BIM 소프트웨어의 특징을 살려 효율화하기 위한 절차나 노하우도 있다.

또 BIM에 의한 프론트 로딩 효과를 살리기 위해서는 일의 업무 흐름도 바꿔나갈 필요가 있다. 각 부서의 업무 분담이나 설계의 진행 방법 그리고 조직 개혁이나 BIM에 관계하는 인사 등 BIM의 도입에는 경영자가 참여하지 않으면 안 되는 상황도 많이 있다.

4-1

BIM을 마스터하는 시간은?

1주일이면 기본은 습득할 수 있다

BIM 소프트웨어는 '처음은 쉽고 깊이는 심오한' 것이다. 건물의 3차원 모델링이나 CG, 간단한 도면의 작성 방법 등은 1주일 정도면 습득할 수 있다. 한편 본격적인 도면을 그리게 되기까지는 상당한 시간이 걸리며, 공부하는 데 강한 인내심이 필요하다.

▶▶ 기본적인 사용 방법은 1주일이면 마스터

입문서 등의 조작 방법에 따라 의장 설계용 BIM 소프트웨어로 건물의 3차원 모델링을 해보면 조작은 생각보다 간단하다. 기본적인 모델링 작업을 대충 체험하는 것은 1~2일에도 가능할 것이다. 습득해나가는 중에 눈에 띄게 실력이 느는 것을 실감할 수 있을 것이라 생각한다.

건축 설계 사무소나 건설회사에서는 최근 신입사원에 대해 1주일 정도의 BIM 교육을 하고 있다. CAD를 전혀 사용해본 적 없는 사람도 이 기간에 의장 설계용 BIM 소프트웨어의 기본적인 사용 방법을 마스터하여 작은 건물의 3차원 모델링이나 CG, 프레젠테이션에 사용하는 도면의 작성 정도는 가능해진다.

▶▶ 도면 작성에는 장기간의 수업이 필요

한편 건물의 BIM 모델로부터 업무에 사용할 수 있는 수준의 도면을 작성하는 것은 그렇게 간단한 것은 아니다. 예를 들어, 평면도를 그릴 때 BIM 모델을 수평 방향으로 절단하면 '평면도의 바탕'과 같은 그림이 만들어진다.

우선 중요한 것은 선의 종류나 굵기, 치수선의 형태, 구조 중심선의 표현 방법 등을 BIM 소프트웨어상에서 설정하여, 도면처럼 보이도록 조정된 '템플릿'을 만드는 것이다. BIM 모델에 입력된 방 이름이나 부재 번호 등의 속성정보를 사용하여, 도면이나 마감표 등의 리스트류 작성을 가능한 한 자동화하기 위한 설정도 템플릿상에서 시행한다.

또 도면 작성에 필요한 속성정보를 넣은 가구나 건자재 등의 'BIM parts'를 만들고, '라이브러리'화하여 곧바로 사용할 수 있도록 정비해두는 것도 중요하다. BIM 소프트웨어로서 설계할 때 하나라도 모델링에 필요한 BIM parts가 없으면, 그때마다 몇십 분에서 몇 시간 걸려 BIM parts를 만들 필요가 있기 때문이다.

애써 BIM 소프트웨어를 사용하면서 템플릿이나 라이브러리가 정비되어 있지 않으면 지금까지의 2차원 CAD와 마찬가지로 반복 입력을 해야 될 뿐만 아니라 오히려 효율이 떨어져버린다.

▶▶ 이전 사용자의 템플릿을 구입하는 지름길

BIM 초창기에 BIM 소프트웨어를 도입한 회사는 각각 템플릿이나 라이브러리를 꾸준하게 정비해왔다. 그러나 지금부터 BIM을 도입하는 기업은 이전 사용자가 노력하여 만든 이러한 자산을 손쉽게 활용할 수 있다.

Graphisoft Japan은 ARCHICAD 20 이후 버전에 대응한 'ARCHICAD 실시 설계 템플릿'을 웹사이트상에서 무료 공개하고 있다. 이러한 자산을 이용함으로써 BIM 소프트웨어로 도면을 만들게 되는 시간을 대폭으로 단축할 수 있다.

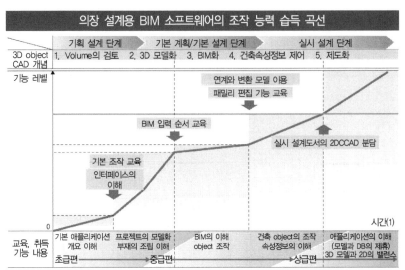

의장 설계용 BIM 소프트웨어의 조작 능력 습득 곡선

3차원 모델링의 초급 레벨은 빠르게 숙달된다. 그러나 도면 작성을 하는 중급 레벨은 숙달이 늦기 때문에 좌절하여 2차원 CAD로 돌아가기 쉬우므로 이 단계를 넘어서는 것이 중요하다.

자료 제공: 주식회사 야스이⊯#건축 설계사무소

4-2

BIM 도입에 얼마가 소요될까?

소프트웨어 구입과 학습 비용의 시세

의장 설계 업무에 BIM을 도입하는 비용은 BIM 소프트웨어 비용이 80만 엔 정도, PC나 모니터 등의 하드웨어 비용이 30만 엔 정도 그리고 초기의 입문 강습 비용이 10만 엔 정도, 합계 120만 엔 정도일 것이다. 물론 소프트웨어의 종류나 개수에 따라서도 다르다.

▶▶ BIM 소프트웨어의 구입 비용

우선 의장 설계용 BIM 소프트웨어를 1본 구입해서 시작하려는 경우, 일반적으로 보급하고 있는 BIM 소프트웨어인 'ARCHICAD 22'라면 84만 엔(세금 별도, 이하 같음), 서브스크립션subscribe제를 채택하고 있는 'Revit 2019'는 연간 34만 4,000엔이 소요된다. BIM 모델을 여러 명의 멤버가 동시 편집하는 '팀워크' 기능을 생략한 'ARCHICAD 22 Solo'라는 간이판도 있으며 가격은 34만 5,000엔인데 작은 설계 사무소의 경우는 'Solo'로서도 충분할 것이다. 기타 의장 설계용 BIM 소프트웨어의 가격은 '1-13'을 참고하기 바란다.

BIM으로 하는 업무에 따라서는 프레젠테이션용으로 고화질의 CG 투시도를 작성하기 위한 렌더링 소프트웨어나 의장, 구조, 설비의 BIM 모델을 합쳐 간섭체크하는 소프트웨어, 에너지해석용 소프트웨어 등이 필요하다. 이러한 소프트웨어를 종합하여 가격을 대폭적으로 내린 패키지 제품도 있다. 예를 들어, Autodesk의 'AEC 컬렉션'은 Revit을 비롯하여 건축, 토목, 인프라 관련 BIM 소프트웨어 수십 개를 연간 42만 1,000엔 정도로 대폭 할인하여 판매하고 있다.

▶▶ BIM을 사용하기 위한 하드웨어의 가격

BIM 소프트웨어에 사용하는 PC는 2차원 CAD보다 훨씬 큰 메모리와 처리 속도가 빠른 CPU 그리고 고성능 그래픽보드가 요구된다. 최근은 하드웨어의 성능이 진화함과 동시에 가격도 대폭 저렴해지고 있다. 의장 설계용 BIM 소프트웨어가 시원스럽게 구동하는 메모리를 탑재한 64비트의 워크스테이션도 20만~30만 엔 정도에 구입할 수 있다.

또 BIM 모델의 3D와 도면 등을 동시에 표시되게 하여 설계하기 위해서는 모니터 2대를 1대의 PC에 접속하여 사용하면 효율적이다. 22~24인치 급의 모니터라도 2~4만 엔 정도에 구입할 수 있으므로 BIM을 하려면 듀얼 모니터로 하기 바란다.

대형 컬러 프린터를 새로이 구입하는 경우는 A1 사이즈를 20만~30만 엔 정도에 구입할 수 있다.

▶▶ 최초의 강습 비용은 10만 엔부터

BIM 소프트웨어를 마스터하기 위해 시판되고 있는 입문서 등으로 독학하는 사람도 있지만, 역시 처음에는 소프트웨어 판매처나 BIM 컨설턴트 등이 개최하는 강습회에 참가하여 기본적인 것을 배우는 것이 지름길이다. 최초 학습 비용으로는 10만~30만 엔 정도라고 보면 좋을 것이다.

표준적인 소프트웨어 비용, 하드웨어 비용, 초기 강습비용 등을 합치면, BIM의 도입 비용은 소프트웨어 1개당 100만 엔 전후 정도일 것이다. 물론 소프트웨어의 종류나 가격 체계에 따라서도 초기 경비나 러닝 코스트는 크게 다르다.

소프트웨어 1본당 약 100만 엔의 도입 비용

소프트웨어 비용
40~80만 엔

기본적인 BIM의
도입 비용의
표준

하드웨어 비용
20~30만 엔

초기 강습 비용
10~30만 엔

4-3

BIM을 마스터하는 방법

강습회로부터 컨설턴트 파견까지

소프트웨어나 하드웨어를 도입하여 막상 BIM을 시작하려고 해도 처음에는 소프트웨어의 사용 방법이나 모델링의 요령 등을 모를 것이다. 그래서 판매자나 BIM 컨설턴트 등이 개최하고 있는 강습회에 참가하는 것이 효과적이다.

▶▶ 제일 저렴한 독학

2차원 CAD를 사용한 경험이 있는 경우는 시판되고 있는 서적이나 웹사이트에서 공개되어 있는 입문 강좌를 읽으면서 독학으로 공부하는 방법이 가장 저렴한 방법이다.

각 BIM 소프트웨어용 입문서는 인터넷에서 검색하면 다양한 소프트웨어용 입문서가 시판되고 있는 것을 알 수 있다. 예를 들면, Autodest의 Revit이나 Revit LT용, Graphisoft Japan의 ARCHICAD, ARCHICAD Solo용, A&A의 Vectorworks Architect용 등의 책이 3,000~4,000엔 대에서 찾을 수 있다.

BIM 소프트웨어 판매자의 웹사이트상에 공개되어 있는 입문 강좌로서는 Autodesk의 'Autodesk Revit 의장 설계용 트레이닝 교재'나 Graphisoft Japan이 ARCHICAD를 처음 사용하는 사람용으로 만든 'ARCHICAD Magic'이라고 하는 무료 지도서 형식의 텍스트가 있다. A&A에서는 Vectorworks의 사용자용으로 'Vectorworks Architec 주택 모델링 가이드' 등을 무료 배포하고 있다.

텍스트 비용도 0엔에서 수천 엔, 수만 엔 정도이므로 독학은 가장 저렴한 방법일 것이다. 다만 도중에 실패해버리면 해결에 시간이 걸리는 것이 결점이다.

▶▶ 전통적orthodox인 판매자 주최의 강습회

Graphisoft Japan이 개최하고 있는 'ARCHICAD JUMP'는 ARCHICAD 도입에서 상세한 설계도서 출력, 작업 환경 설정까지의 작업 흐름을 단계적으로 습득할 수 있는 것이 1일에 6만 5,000엔(세금 별도), 2일간 8만 엔(세금 별도)이다. BIM parts의 작성 방법을 습득하는 'GDL 부품 작성 코스'는 1일에 10만 엔(세금 별도)이다.

Revit 사용자를 대상으로 한 강습회의 예로는 오츠카쇼카이大塚商会가 개최하고 있는 'Autodesk Revit 코스'가 있다. 일련의 기본 조작을 습득하는 '기본 코스'는 2일에 7만 엔(세금 별도), 패밀리(BIM parts)의 작성 방법을 배우는 '패밀리 작성 기초 코스'는 1일에 4만 엔(세금 별도)이다.

또 후쿠이福井Computer Architect에서는 GLOOBE 사용자용으로 교재 DVD를 발매하고 있으며, 'GLOOBE 플랜 작성편'(2019), 'GLOOBE 프레젠테이션편'(2019)가 각각 약 3시간에 3만 엔(세금 별도)이다.

▶▶ BIM 컨설턴트 파견이라는 방법도

BIM 컨설턴트에게 1~2개월 정도 회사로 오게 해서 실제 업무를 하면서 BIM 활용 방법을 지도받는 방법도 있다. 파견 일수나 사람 수에 따라서도 다르지만 1개월에 100만 엔 정도는 필요하다고 생각하는 편이 좋을 것이다. 그러나 단순한 조작 방법뿐만 아니라, BIM의 도입에 의한 업무 전체의 업무 흐름 개선 등도 지도받을 수 있는 장점도 있다.

강습회 모습

'Shade3D'의 사용자를 대상으로 한 세미나 회의실 풍경. Forum 8 도쿄東京 본사에서

자료 제공: 이에이리료유타家入龍太

4-4

템플릿이나 도면집을 구입

BIM에서의 작도를 단기간에 습득한다

BIM 모델로부터 도면을 그려낼 수 있도록 BIM 소프트웨어를 설정하기에는 많은 시간과 노력이 필요하다. 그래서 설정 완료된 템플릿을 이수하여 시간 단축을 도모하는 방법이 있다.

▶▶ BIM에 의한 건축 확인 신청용 템플릿도

　Graphisoft Japan의 웹사이트에서는 ARCHICAD를 사용하여 실시 설계를 하기 위한 'ARCHICAD 실시 설계 템플릿'을 무료로 다운로드할 수 있다. 이 중에는 실시 설계도서를 작성하기 위한 레이아웃북 외에 설계에 사용할 수 있는 다양한 BIM parts도 부속되어 있다. 그 내용은 벽, 바닥, 천장 등 내외장에서 사용되는 복합구조, 파라펫이나 철골 부재 등 각종 타일 등이다.

　통판 사이트 'Autodesk APP STORE'에서는 주택의 건축 확인 신청을 BIM 모델로 할 수 있는 '4호 건축물 건축 확인 신청 템플릿'을 무료로 다운로드할 수 있다. 이 템플릿을 사용한 Revit의 BIM 파일을 주택 성능평가 센터의 WEB 확인 신청 시스템 'F2-Web'에 업로드하여 실제로 신청을 할 수 있다.

▶▶ 국토교통성의 상세도집을 BIM화

　국토교통성 등의 영선 업무에 관련된 설계자의 바이블이라고 할 수 있는 자료로 '건축공사 표준상세도'(공공건축협회)가 있다. 이 상세도를 모두 BIM 모델화한 것이 『CAD 데이터 제공 국토교통성 건축공사 표준상세도』

(X-knowledge 출판사 간행, B5판, 436쪽, 세금 별도 8,000엔)라는 책이다. 부속 DVD에는 ARCHICAD의 'PLN 형식'이나 'IFC 형식' 등으로 데이터가 수록되어 있다. BIM 모델의 작성은 SHERPA(본사: 나고야名古屋시)가 담당하였다.

이러한 BIM 모델은 건물의 구체나 창호가 한 그룹으로 되어 있지만, 이것들을 따로따로 분해하면 천장의 매닮 부재나 주차장의 차막이 등의 부품이 100개 이상 입수된다. BIM parts를 손쉽게 만드는 데 사용할 수 있을 것이다.

설정 완료된 BIM 템플릿

ARCHICAD로 실시 설계를 할 수 있는 템플릿. 레이아웃북(좌) 외에 다양한 BIM parts(우)도 부속되어 있다.

자료 제공: Graphisoft Japan 주식회사

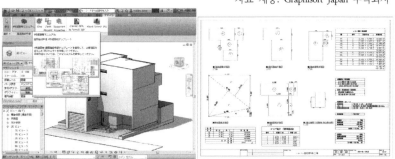

BIM 모델에 의해서 주택의 건축 확인 신청을 할 수 있는 '4호 건축물 건축 확인 신청 템플릿'

자료 제공: Autodesk 주식회사

CAD 데이터 제공 국토교통성 건축공사표준상세도

오른쪽은 부속 DVD에 수록된 상세도의 BIM 모델

4-5

BIM parts집

시판 중인 건자재 설비를 3D로 부품화한다

의장 설계용 BIM 소프트웨어는 표준적인 건자재나 설비의 BIM parts가 부속되어 있지만 자신이 사용하고 싶은 건자재나 설비의 BIM parts가 없는 경우도 있다. 그럴 때는 일본풍의 건자재나 설비 등을 3D로서 부품화한 BIM parts집을 사용할 수 있다.

▶▶ 설계 효율을 좌우하는 BIM parts

BIM parts란 건자재나 설비, 가구 등을 3차원으로 모델화하여 BIM 소프트웨어에서의 설계 작업에 사용할 수 있도록 한 부품이다. 소프트웨어에 따라서 '패밀리'나 '라이브러리 부품', '3D 심벌' 등 다양한 호칭이 있다. 이러한 BIM parts를 모은 것을 '라이브러리'라고 부르는 경우도 있다.

BIM에서의 설계 작업은 BIM parts를 선택하여 배치하고 벽이나 바닥 등은 소정의 크기나 형태로 변형시키면서 진행해나간다. 설계에 필요한 parts가 없다면, 몇십 분에서 몇 시간에 걸쳐 새롭게 만들지 않으면 안 되기 때문에 작업 효율이 떨어진다. 그래서 항상 설계에 필요 충분한 BIM parts를 준비해두는 것은 매우 중요하다.

▶▶ 시스템 주방에서 엘리베이터, 수목까지

본격적인 BIM parts집으로는 후쿠이福井 컴퓨터 아키텍트의 'GLOOBE'와 연동된 '3SCatalogue.com(구 버츄얼하우스닷넷)'이 있다. 약 200사의 건설·주택설비·인테리어 제품의 10만 점 이상(2차원 CAD 부품이나 화상도 포함)의 데이터가 공개되어 있다.

도시바束芝엘리베이터에서는 엘리베이터나 에스컬레이터의 BIM에 의한 설계·시공 지원을 하고 있다. 사이트 회원이 되면 승강기의 BIM parts (ARCHICAD 18 이후, Revit 2014 이후 버전에 대응)를 다운로드할 수 있다.

UNIMAT RIK Inc.은 동사의 외장용 3차원 CAD 'RIKCAD'나 'ARCHICAD'에 대응한 수목이나 외관, 승용차 등의 다양한 3D 소재집을 발매하고 있다. 나무의 성장에 맞춘 경년 변화도 시뮬레이션할 수 있다.

GLOOBE에서 사용할 수 있는 '3DCatalogue. com'의 웹사이트

자료 제공: 후쿠이福井 컴퓨터 아키텍트 주식회사   자료 제공: 도시바束芝엘리베이터 주식회사

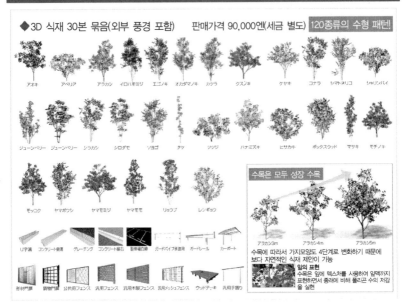

일본의 경관에 부합한 수목이나 외장용 건자재 등의 BIM parts를 구비한 ARCHICAD용 라이브러리집

자료 제공: UNIMAT RIK Inc.

4-6

BIM을 조직에서 활용하는 요령

빠뜨릴 수 없는 3가지 요소란

BIM으로 회사의 업무 효율을 높여나가기 위해서는 BIM을 조직에서 활용하기 위한 체제 만들기가 필요하다. 그래서 참고가 되는 것은 '표준화', '순서·규정화', '교육·연수'를 3개의 기둥으로 하여 사내 정비를 진행해온 야스이※#건축 설계사무소의 대처이다.

▶▶ BIM 활용의 3개 기둥이란

BIM을 조직에서 활용하여 업무 효율이나 생산성을 개선해나가기 위해서는 사내의 설계자가 제각기 흩어져서 제멋대로 BIM 소프트웨어를 사용하는 것만으로는 불충분하다. 그래서 참고가 되는 것이 조직적으로 BIM을 활용하고 있는 야스이※#건축 설계사무소의 대처이다.

야스이건축 설계사무소는 최고의 리더쉽에 의해 2007년에 전사에 BIM을 도입하였다. BIM을 조직적으로 활용하기 위한 3개 기둥으로 거론되는 것이 '표준화', '순서·규정화', '교육·연수'이다.

'표준화'란 BIM 모델로부터 도면의 작성을 위한 '템플릿'이나 BIM parts 집인 '라이브러리' 등의 BIM 표준 사양을 사내에 구축하는 것이다. '순서·규정화'란 BIM 모델을 만들기 위한 '가이드라인'을 작성하거나, 사내 제도 기준을 정하는 것, '교육·연수'란 사원 교육을 통하여 BIM 스킬을 늘리기 위한 교육 텍스트나 능력 평가 등을 가리킨다.

▶▶ BIM 자산의 사내 공유에 불가결한 표준화

'표준화'에 관한 활동으로서 동 사에서는 실무 중에 템플릿이나 라이브러리를 갱신하여, 매일 잘 다듬고 있다. 또 임의 프로젝트에서 BIM 모델에 입력된 설계 정보를, 다른 프로젝트에서도 계승하여 사용함으로써 설계효율을 향상할 수 있는 것도 목표로 하고 있다.

그래서 BIM 프로젝트의 데이터를 집중적으로 관리하고 수정하면서 사양을 통일해왔다. 방대한 비용이나 시간이 걸리는 일이다. 이러한 착실한 대처는 지금까지 BIM을 도입한 기업에서는 어디라도 동일한 일을 병행해온 것이 실정이다. 표준화는 한번 템플릿이나 라이브러리를 제작하면 끝나는 것은 아니며, 사용하고 있는 소프트웨어의 버전 업이나 새로운 설계기술에 따라 항상 갱신해나갈 필요가 있다.

▶▶ '교육·연수'와 '순서·규정화'는 각 사의 과제

야스이건축 설계사무소에서는 BIM 활용의 3개 기둥 중 '교육·연수'와 '순서·규정화'에 대해서는 각 사가 독자적으로 시행해야 하는 것으로 생각하고 있다.

소프트웨어의 버전업이나 새로운 해석 소프트웨어나 시뮬레이션 소프트웨어의 도입 등에 따라 BIM 활용의 레벨업을 도모해나가는 데 '교육·연수'를 계속적으로 하는 것이 설계자 개인의 스킬업에 결부된다.

또 사내의 업무 흐름을 BIM에 의해서 개선해나가기 위해 '순서·규정화'는 기업에 맞는 것을 자사에서 확립해나갈 필요가 있다. 도면을 그리기 위한 속성정보를 누가, 어느 단계에서 입력할 것인지와 템플릿이나 라이브러리를 항상 최신의 것으로 관리해나가기 위한 업무 분담 등을 결정하는 것도 포함될 것이다.

이러한 순서나 규정이 있어야만 쓸데없는 이중 입력의 방지나 다른 설계자가 만든 BIM 자산의 재이용 등이 쉬어져, 조직으로서의 업무 효율을 높일 수 있다.

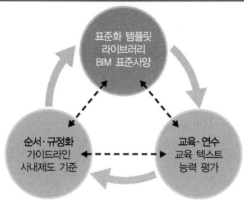

자료 제공: 주식회사 야스이※건축 설계사무소

4-7

'**BIM 매니저**'란

업무 흐름을 원활히 하는 전문가

BIM에 의해서 프로젝트를 원활히 수행하기 위해 'BIM 매니저'라고 하는 새로운 직능이 요구되고 있다. 그 업무는 'BIM 활용의 리더'로서 BIM에 의한 업무 흐름을 원활히 하는 것의 전부라고 해도 좋을 것이다.

▶▶ BIM 매니저의 업무란

BIM을 조직에서 활용하여 업무 효율이나 생산성을 향상시키기 위해서는 BIM에 의한 원활한 업무 흐름을 실현할 필요가 있다. 예를 들어, 모델링이나 작도drawing 등의 기준 정비나 설계에 사용하는 템플릿이나 BIM parts의 정비, 설계 업무의 분담과 통합, 외주처의 관리 등 다양한 것이 있다. BIM을 프로젝트에 활용하여 최대의 효과를 올리기 위해 다양한 관리 업무를 하는 것이 'BIM 매니저'라고 하는 새로운 직능이다.

BIM 매니저에 대해서 결정적인 정의는 아직 없으나 다음과 같은 업무를 담당하는 것이 기대되고 있다.

▶▶ BIM 활용체제의 정비

BIM에 의한 모델링이나 작도drawing 등의 회사 내 표준을 작성하거나 BIM parts나 조직texture 소재 등의 데이터를 정비하는 업무를 들 수 있다. 사내의 BIM 사용자를 위해 기술적인 지원을 하거나 교육 연수를 기획·실행하는 것도 필요하다.

ISO에 의한 품질 개선 운동과 마찬가지로 BIM 활용에서도 'Pplan(계획)' →

'D^Do(실행)' → 'C^Check(검토)' → 'A^Action(조치)'의 루프를 돌면서 사내 사용자의 진척도를 높이고 BIM에 의한 업무 흐름이 원활히 되도록 개선해나가는 것이 중요하다.

이 업무에 종사하는 사람은 BIM의 소프트웨어나 하드웨어에 정통하고 있음과 동시에 건축 프로젝트의 설계·시공의 업무 흐름도 숙지하고 있을 필요가 있다. 게다가 BIM에 의해서 회사를 개선하려고 하는 강한 열의도 요구된다.

▶▶ 프로젝트에서의 협력 관리

건물의 설계는 의장, 구조, 설비의 각 설계자의 협력에 의해서 진행한다. 큰 건물의 경우, 각 설계자가 담당하는 부분을 배분하거나 구조나 설비의 설계를 타사에 외주함과 동시에 이러한 설계 성과인 BIM 모델을 통합하여 관리하는 업무가 요구된다.

다른 소프트웨어 사이에서의 데이터 연계도 자주 필요하기 때문에 BIM의 데이터 교환 표준인 'IFC 형식' 등의 지식도 필요할 것이다.

또 업무를 타사에 외주하는 경우에는 BIM 모델의 속성정보 입력 방법이나 도면의 레이어 구분 등도 관리하여 원활히 BIM 모델을 통합할 수 있도록 할 필요가 있다. 타사가 작성한 BIM 모델의 저작권 취급이나 자사로부터 타사에 제공한 BIM parts의 사용 제한 등 계약 측면의 세심한 배려도 필요할 것이다.

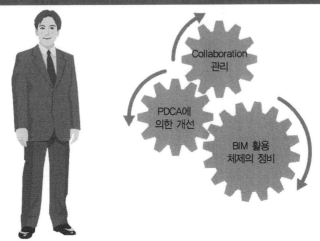

BIM 매니저의 업무

Collaboration
관리

PDCA에
의한 개선

BIM 활용
체제의 정비

SNS는 귀중한 정보원

BIM 플레이어와 직접 교류한다

BIM의 세계는 건설 관련 분야 중에서는 가장 진화가 잦은 곳이다. BIM의 최신 정보를 입수하기 위해서는 Facebook이나 Twitter 등의 SNSSocial Network Service 를 활용할 것을 권고한다.

▶▶ BIM 플레이어들과 직접 교류

BIM을 사용하고 있는 사람들은 일반적으로 열심히 정보교환을 한다. 대형 건축 설계사무소나 대형 건설회사로부터, 적은 인원의 개인 설계사무소, 그리고 전문공사 회사나 BIM 소프트웨어 판매 관계자까지 Facebook 이나 Twitter 등의 SNS상에서 적극적으로 발언하고 있다.

특히 Facebook은 원칙적으로 실명제로서 어느 기업에 근무하고 있는 가를 공개하고 있는 사람이 대다수이다. 그 때문에 각자가 책임을 가진 발언을 하고 있으므로 신뢰성도 높은 것이 특징이다. 그중에는 상장 기업의 임원급 사람이나 BIM계의 유명 건축가인 사람도 있지만 관점이나 직책을 초월하여 다양한 프로젝트나 현장에서의 실무에서 어떻게 BIM을 활용하고 있는가를 공개적으로 논의하고 있다.

▶▶ Twitter는 넓고, Facebook은 깊다

SNS에 따라서 BIM에 관한 정보교환의 수단은 조금씩 다르다. Twitter는 일반적으로 참가자가 많아 뉴스나 최신 정보를 '얕고, 넓게' 교환하는 것에 적합하다고 할 수 있다. 또 건설 실무자는 물론, 제조업이나 학교 등 건설업이외의 참가자와도 교류가 도모되므로, 생각하지 못한 정보의 협력이 생기는 경우도 있다. 시험 삼아 해시태그 '#BIM'이나 BIM 관련 키워드로 검색해보면 다양한 정보를 얻을 수 있다.

한편 Facebook은 일반적으로 '깊고, 좁게', 은밀하게 정보 교환하기에 적당하다. 기본적으로 실명이고 본인의 얼굴 사진을 아이콘으로 하고 있는 사람도 많으므로 리얼한 세계에서의 교류에 가까운 것이 특징이다. BIM의 활용 방법에 대한 사고방식에 대해서 토론하거나, BIM 소프트웨어 판매자와 사용자, 원청과 하청의 관계자 등이 입장을 초월하여 이야기를 주고받거나 함으로써 평상시 '블랙박스'가 되어 있는 업무를 서로 이해하고 업종을 초월한 '프론트 로딩'의 아이디어가 생겨나는 경우도 자주 있다.

▶▶ 시공을 초월한 정보 교환

SNS는 PC는 물론이고 스마트폰으로도 손쉽게 어디라도 참가할 수 있으므로 공사 현장으로부터의 실황이나 해외에서 활약하고 있는 일본인 BIM 사용자로부터의 정보도 매일 볼 수 있다.

BIM의 지명도나 이해에 대해서는 지금까지 대도시와 지방들에서 큰 갭이 있었다. SNS에 참가하면 살고 있는 지방이나 나라 등은 관계없이 BIM에 관한 최신 정보를 입수할 수 있다. 단순히 대도시권에 살고 있는 사람보다 지방에서 SNS에 참가하고 있는 사람의 쪽이 BIM에 관한 정보를 입수하기 쉬워졌다고 할 수 있다.

Facebook상에 설정된 공개 그룹 'BIM 관계'

BIM에 관한 세미나나 신제품, 기사 등의 정보가 모인다.

COLUMN BIM 도입의 성공은 여성에게 있다!?

어느 베테랑 건축가 D 씨는 대형 건설회사 등의 조직에서 다양한 실무 프로젝트에 BIM을 도입하여 궤도에 오르게 한 경험이 있다.

BIM을 조직에서 활용하기 위해서는 사내의 기준 만들기나 교육체제, 3차원 CAD 부품이나 템플릿 등의 정비라고 하는 면에 무의식적으로 눈이 가버린다. 그러나 BIM을 프로젝트에서 잘 활용하여 바람직한 방향으로 전개해나가기 위해 D 씨는 '인간적인 부분이야말로 중요하다'라는 것이 지론이다.

BIM이 도입되었다고는 하나 건설 프로젝트의 세계는 아직도 남성이 많은 사회인데, 예를 들어 그곳에 여성의 힘이 더해짐으로써 여러 가지 좋은 결과가 생겨날 것이다.

평상시 대화조차 하기 어려운 높은 지위의 발주자의 본심을 알 수 없으며 모난 듯한 표현을 잘 해결하지 않으면 안 되는 위기 상황에서도 여성들만의 섬세한 관찰력이나 커뮤니케이션 힘을 빌림으로써 원활히 문제를 해결할 수 있는 것이 많이 있을 것이다.

BIM 관련 컨설팅 업무 등을 수주하는 국제적인 프레젠테이션의 무대에서도 여성이 활약하는 모습을 많이 볼 수 있게 되어서 남성 사회였던 건설업계에도 새로운 조류가 일어나고 있는 것 같다.

BIM의 도입이라고 하면 기술이나 교육 훈련, 조직이라고 하는 시점에서 이야기되는 경우가 많고 이러한 휴먼 효과는 빠뜨리기 일쑤이다. BIM 프로젝트의 멤버가 남자뿐인 경우는 주의가 필요할지도 모른다.

제 **5** 장

조직에서의 BIM 활용

한목소리로 BIM이라고 해도 시공주, 설계사무소나 건설회사, 교육기관 등에서 각각 BIM에 기대하는 바는 다르다.

예를 들어, 시공주에게 BIM에 의한 설계는 지금까지의 도면과 달리 알기 쉬운 것이 최대의 매력이다.

설계사무소에서는 BIM에 의해서 평면도, 입면도, 단면도 등의 설계도서의 일관성을 취하기 쉬워져 각종 해석 소프트웨어 등의 활용에 의해서 고품질의 높은 건물을 설계하기 쉬워진다. 건설회사는 프론트 로딩의 은혜를 가장 많이 받는 곳이다. 시공의 재작업 방지나 사전제작화 등에 의한 생산성 향상 등을 기대할 수 있다.

이 장에서는 시공주, 설계사무소, 종합건설회사, 전문공사회사, 빌딩관리회사, 교육기관에게 유리한 BIM의 활용 방법과 실제 예를 소개한다.

5-1

시공주의 BIM 활용술

설계작업에 주체적으로 참가한다

시공주에게 BIM의 가치는 '설계의 가시화'에 의해서 건축자와 함께 설계 작업에 참가할 수 있는 것이다. 도면 대신에 BIM 모델을 보면서 희망하는 대로의 건물이 가능할지를 차분히 확인하여 설계팀에 계속 주문을 하는 것이 가능하다.

▶▶ 시공주도 설계작업에 참가

지금까지와 같이 도면을 사용하여 설계를 진행하고 시공주에게 설계 내용을 설명하는 방법으로는 시공주의 희망대로 설계가 되고 있는지 여부를 알 수 없는 경우가 있었다. 정작 공사가 시작되고 완성이 가까워지고 나서 시공주가 자신이 상상한 건물과 다르다는 것을 눈치 채고 공사를 수정하거나 이미 늦었다고 포기하는 경우가 많았던 것이다.

그래서 도면 대신에 BIM 모델을 사용하여 설계 내용을 '가시화'함으로써 시공주도 전문 설계자와 동일한 수준에서 설계 내용을 이해할 수 있다. 아직 설계 단계라고 해도 '완성 후의 세계'로 타임머신을 타고 가서 완성된 건물을 실물처럼 가상으로 볼 수 있게 되는 것이다.

그리고 '이처럼 보가 튀어나와 있는 것은 방해가 된다'라든가 '상점인데도 들어가기 어려운 느낌이 든다' 등 계속 설계자에게 주문함으로써 설계 업무에 주체적으로 참가할 수 있는 것이다.

▶▶ 라이프사이클 코스트를 고려한 설계를 할 수 있다

건축 설계사무소나 건설회사는 건물을 설계·시공할 때의 '초기 비용'은 자신의 수입에 직결하기 때문에 높은 관심을 가지고 있다. 그러나 완성 후의 광열비나 유지수선비 등의 '라이프사이클 코스트^{life cycle cost}'는 자신이 부담하는 것이 아니기 때문에 초기 비용만큼 신경 쓰지 않는다.

광열비나 유지수선비 등으로 이루어지는 라이프사이클 코스트는 초기 건설비의 3~4배는 드는 것으로 알려져 있어 건물로의 투자에 대한 수익 ROI에 큰 영향을 미친다.

BIM을 사용하면 설계안에 대해서 광열비나 에너지 소비량이 어느 정도 필요한지 정량적인 값을 알 수 있다. 라이프사이클 코스트를 가시화하여 비교·검토하면서 설계를 진행할 수 있는 것이다.

▶▶ BIM 활용의 리더십

하나 더 시공주가 잊지 말아야 할 중요한 역할은 설계·시공 프로세스에서 설계 사무소나 건설회사, 설비회사 등에게 'BIM을 사용하게 한다'는 것이다.

BIM은 건물의 기획으로부터 설계, 시공 그리고 최종적으로는 유지관리에도 BIM 모델을 이어감으로써 최대의 효과를 내게 하지만 도중에 기존의 종이 도면 베이스에서 업무를 하는 회사가 있으면 모처럼의 BIM 효과가 반감되어버린다.

시공주야말로 BIM 업무 흐름을 효과적으로 기능하게 하기 위한 최강의 리더인 것이다.

시공주의 BIM 활용술

- 설계 업무에 주체적인 참가
- 라이프사이클 코스트를 중시한 설계
- BIM 활용의 최대 권력자

5-2

시공주의 BIM 활용 사례

요코하마 카멜리아병원

2008년에 완성된 요코하마橫浜 카멜리아병원은 시공주인 병원 관계자가 BIM에 의한 설계작업에 적극적으로 참가하였다. 그 결과 개방적인 공간과 보안이나 사생활 대책을 양립시킨 참신한 병원이 실현되었다.

▶▶ BIM 모델을 협의의 자리에서 수정

2008년 3월, 요코하마橫浜시 아사히旭구에 완성된 요코하마 카멜리아병원 (연면적 7,000m², 베드 수 120상)의 설계·시공을 담당한 타이세이大成건설이 시공주와의 협의에 사용한 것은 도면이 아니라 BIM 모델이었다. 시공주와의 협의에는 의장 설계용 BIM 소프트웨어 'Revit Architecture'가 설치된 PC를 지참하여 그 자리에서 BIM 모델을 프레젠테이션하면서 설계 내용을 분명히 해나갔다.

최대의 특징은 협의의 자리에서 '도어의 위치를 겹치지 않게 하고 싶다' 라는 시공주의 의견을 듣고 그 자리에서 BIM 모델을 수정하여 설계에 반영해나갔던 것이다.

▶▶ 감시 카메라의 위치나 각도도 확인

병원 내에는 감시 카메라가 수십 개소 부착되어 있다. 지금까지는 현장에 카메라를 가지고 들어가, 실제 영상을 확인하면서 부착 위치나 각도를 조정하고 있었지만 이 현장에서는 BIM 모델 속에 가상 카메라를 설치함으로써 보는 방향이나 각도를 확인하였다.

▶▶ 파티션의 최적 높이도 검토

여러 개의 베드를 갖춘 병원의 파티션을 배치함에 있어서의 과제는 사생활의 확보와 압박감을 없애는 상반된 조건이 양립되는 있는 것이었다.

그래서 타이세이大成건설은 실물 크기로 입체시할 수 있는 '가상현실 시스템'을 사용하여 BIM 모델로 만든 파티션의 높이를 5cm씩 바꾸면서 병원 관계자에게 보여주고 최적이라고 느껴지는 높이를 구한 것이다.

도면이 아니라 BIM 모델에 의해서 설계를 진행한 결과, 완성된 건물은 시공주에게도 거의 상상했던 그대로의 성과였다고 한다.

요코하마 카멜리아병원의 BIM 모델

실물 크기 가상현실 시스템에 의한 높이나 건물 내의 조망 검토

파티션의 높이 검토. 높이 1.6m(좌)와 1.7m(우)에서는 상당히 압박감이 다른 것을 알 수 있다.

자료 제공: 타이세이大成건설 주식회사

5-3

설계사무소의 BIM 활용술

CG에 의한 프레젠테이션으로 업무 수주

건축 설계사무소는 수주 전 프레젠테이션이나 설계 공모에 BIM을 활용함으로써 업무의 수주율을 높인다. 수주 후는 에너지해석이나 간섭이 없는 도면 작성, 나아가서는 건물 준공 후의 유지관리 업무까지를 염두에 둔 전개가 가능하다.

▶▶ CG에 의한 프레젠테이션으로 수주율 향상

시공주와 최초로 접촉할 수 있는 입장에 있는 건축 설계사무소에서 BIM 활용은 설계 업무의 수주 전부터 시작된다. 시공주로부터의 상담이 있었던 단계부터 간단한 BIM 모델을 만들어 처음부터 3차원의 CG로 제안 내용을 가지고 가는 것이다. 시공주는 알기 쉬운 CG에 흥미를 느낄 수밖에 없다.

그래서 시공주의 의견을 듣고 다음 주에는 버전업한 CG를 가지고 가면 시공주는 흥미를 가지고 계속 설계를 구체화해나갈 것이다. 그 단계에서 타사가 도면을 가지고 프레젠테이션을 해도 승산은 없을 것이다. 설계 업무의 수주율을 높이는 것이야말로 건축 설계사무소의 BIM 활용 효과가 높아지는 부분이다.

▶▶ 에너지해석으로 에너지 절약 성능을 추구

최근 건물의 에너지 절약 성능이 시공주에게 큰 관심사가 되고 있다. 건물의 공조 부하를 줄이고 자연광을 최대한 활용함으로써 에너지 절약 성능이 높은 건물을 만들기 위해서는 건물의 방향이나 부지 내에서의 배치, 외형 등 설계 초기 단계에서의 검토가 상당히 중요하다.

대부분의 의장 설계용 BIM 소프트웨어는 건물의 위도·경도나 계절을 입력함으로써 태양광이 어떻게 건물 내에 들이 비칠지를 검토할 수 있는 기능이 붙어 있다. 게다가 건물의 에너지 소비량이나 광열비 등을 대략적으로 시뮬레이션해주는 애드온 소프트웨어add-on software나 클라우드 컴퓨팅 서비스도 있다. 또한 건물의 환경성능 지표인 'CASBEE' 평가나 PAL 값 등의 계산을 BIM 모델과 연계해주는 소프트웨어도 있다.

건축 설계사무소는 이러한 BIM 모델과 연동하는 소프트웨어나 클라우드 서비스를 이용하여 에너지 절약 성능이 높은 건물을 설계함으로써 설계 업무의 부가가치 상승이나 타사와의 차별화를 노릴 수 있다.

▶▶ 간섭이 없는 도면으로 건축 확인 신청

건축 기준법 개정에 의해 건축 확인 제도가 엄격화되고 신청 후의 설계 변경이 어려워졌다. 신청 후에 설계 오류를 발견하여 재신청하지 못하도록 하는 것이 핵심이다. BIM 모델로부터 평면도, 입면도, 단면도와 창호표, 마감표 등의 설계도서를 작성함으로써 완전히 일관성을 취할 수 있다. 게다가 시공도 작성 정보를 설계 단계에서 도입함으로써 그 자체를 시공도로서 사용할 수 있는 상세도를 작성한다는 신개념 비즈니스도 고려된다.

▶▶ 준공 후의 유지관리 비즈니스에도 방법이

건축 설계사무소는 준공된 건물의 BIM 모델을 계속 가지고 있어 수리나 기기의 교환과 동시에 BIM 모델을 갱신해나가는 것도 가능하다. 건물의 장수명화에 따른 '주택 이력서'나 정밀도가 높은 '감정평가due diligence'에도

활용할 수 있을 것이다. 시공주에게 소중한 보물이 되기 때문에 건물의
준공 후도 유지관리에 따른 설계 업무를 계속적으로 수주하는 비즈니스
전개도 가능해진다.

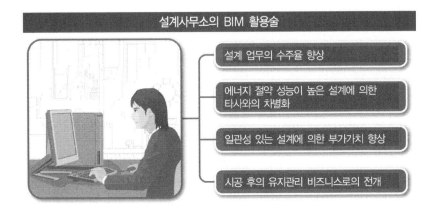

설계사무소의 BIM 활용술

- 설계 업무의 수주율 향상
- 에너지 절약 성능이 높은 설계에 의한 타사와의 차별화
- 일관성 있는 설계에 의한 부가가치 향상
- 시공 후의 유지관리 비즈니스로의 전개

5-4

설계사무소의 BIM 활용 사례

ixrea

가고시마鹿児島시에 있는 건축 설계사무소, ixrea는 2013년의 창업 후, BIM에 의한 알기 쉬운 설계가 호평을 받아 고객이 급증하였다. 설립 5년째에 직원은 10명이 되고 후쿠오카福岡시에도 사무실을 개설할 정도로 급성장하였다.

▶▶ 2013년에 1명으로 독립 후, BIM으로 급성장

ixrea는 대표이사인 요시다 히로시吉田 浩司 씨가 2013년 4월에 1명으로 창립한 건축 설계사무소이다. '지금부터의 설계사무소는 이제 BIM밖에 없다'라고 독립과 동시에 Grahpisoft Japan의 BIM 소프트웨어 'ARCHICAD Solo'를 도입하였다.

BIM에 의한 프레젠테이션이나 투시도 외에 BIM 모델을 스마트폰 등으로 볼 수 있는 viewer tool 'BIMx'를 사용한 디자인의 확인은 상업 시설의 클라이언트로부터 알기 쉽다는 호평을 얻었다. 그 성과를 본 다른 클라이언트로부터도 '우리 건물도 마찬가지로 설계하고 싶다'고 의뢰하는 케이스가 증가하였다.

그 결과 고객이 급증하여 설립하고 나서 5년째인 현재로서 직원은 요시다 씨를 포함하여 10명까지 늘고 후쿠오카福岡시에도 사무실을 개설하게 되었다.

▶▶ BIM 목적물의 세심한 정비가 중요

시공주의 요망 사항을 듣고 디자인이나 평면 계획의 이미지를 머릿속에 그린 후의 작업은 빠르게 진행한다. 플랜의 작성에 반나절과 CG를 작성하기 위한 렌더링 시간 정도밖에 걸리지 않는다.

그 비결은 가구나 설비 등의 BIM 목적물을 세심히 정비해두는 것에 있다. 예를 들어, 편의점의 외관 설계에는 창고나 실외기 등을, 보육원의 설계에는 어린이용 변기나 샤워장치 등을 BIM 목적물화하여 언제라도 사용할 수 있도록 정리해두는 것이다. 이러한 작업이 동일한 용도의 건물 설계의 속도를 높인다.

▶▶ 연구회나 이벤트에서 최신 기능을 배운다

가고시마鹿児島라고 하면 지리적으로 핸디캡이 있을 법한 이미지도 있으나 ixrea에서는 BIM 소프트웨어의 최신 기능을 능숙하게 다르고 있다. 그 정보 수집에 한몫 거들고 있는 것은 인터넷이나 회원제 교류 사이트SNS이다.

이 밖에 큐슈九州의 ARCHICAD 사용자가 모이는 연구회에서 최신 활용 방법을 서로 가르치거나 Grahpisoft Japan이 사용자를 위해 개최하는 이벤트에도 참가함으로써 선진 사용자로부터의 자극도 받고 있다.

상업시설의 완성 예상 투시도(좌)와 완성 사진(우)

viewer tool 'BIMx'에 의한 디자인 확인(좌). ixrea 대표이사 요시다히로시吉田浩司 씨(-우)

3점의 자료 제공: ixrea, 사진 제공: 이에이리 료우타家入龍太

종합건설회사의 BIM 활용술

간섭체크로서 재시공을 방지한다

종합건설회사에서의 BIM 활용은 시공 단계에서의 폭넓은 업무 효율화나 생산성 향상이 포인트이다. 특히 의장, 구조, 설비의 간섭을 사전에 체크하여 재시공 방지를 도모함으로써 헛수고를 없애어 공기단축으로 이어진다.

▶▶ '재시공 방지'로 업무 개선

종합건설회사에서 BIM을 도입하였을 때 가장 큰 업무 개선이 도모되는 것은 '재시공 방지'이다. 기존의 2차원 도면 베이스 설계에서는 의장, 구조, 설비의 설계를 중합시켰을 때 반드시라고 해도 좋을 정도로 어딘가의 부분에서 '간섭(부재끼리 겹쳐지는 것)'이 일어나거나 시공 중에 콘크리트를 깨거나 한번 부착한 설비를 제거하여 시공을 다시 수정하는 재시공 작업이 발생하고 있었다.

BIM 모델로서 의장, 구조, 설비를 통합하여, 소프트웨어상에서 '간섭체크'를 하면, 실제로 공사를 하기 전에 문제점을 발견하여 설계를 세밀히 수정할 수 있으므로 재시공을 방지할 수 있다. 지금까지는 의장, 구조, 설비 도면을 합친 종합도라고 하는 도면을 그려 부재끼리의 간섭 등을 체크하고 있었으나 3차원 공간에서 체크할 수 있는 BIM을 사용함으로써 간섭 누락은 대부분 없어진다.

▶▶ 철근 배근 방법을 3D로 체크

최근은 건물의 내진성이나 내구성을 높이기 위해 이전보다 철근량이 많은 건물이 증가하고 있다. 설계 단계에서는 철근의 굵기를 고려하고 있지 않기 때문에 시공 단계에서 철근을 조립해보면 철근이 밀집해 있는 부분에서는 철근끼리 겹치거나, 콘크리트 타설을 위한 '간격(철근끼리의 간격)'을 확보할 수 없는 문제가 자주 발생한다.

구조 설계용 BIM 소프트웨어를 사용하여 철근의 굵기도 고려한 3차원 모델을 만들고 간격도 고려한 간섭체크를 하면 사전에 철근을 틀림없이 배근할 수 있는지 여부를 확인할 수 있다. 이것도 재시공 방지나 품질 확보의 점에서 효과적이다.

▶▶ 4D 시뮬레이션으로 시공 순서를 확인

3차원 공간에 시간의 축을 더한 것을 '4D(4차원)'라 한다. 기둥이나 보 등의 부재를 크레인 등의 중장비로 조립해나가는 시공 순서를 4D 시뮬레이션으로 확인함으로써 부재가 정확히 조립되는지를 확인할 수 있다. 또 BIM 모델의 시공 단계와 프로젝트 매니지먼트 소프트웨어의 시간을 연동시키면 공정관리에도 사용할 수 있다.

최근은 크레인의 매닮 피스 등 세밀한 금구류까지도 3차원으로 모델화하여 다른 부재와 간섭하지 않고 시공 가능한지 여부의 검토까지 시행할 수 있다. BIM 모델상에서 시공 가능성을 확인하는 것을 다케나카^{竹中}엔지니어링회사에서는 '버츄얼 준공'이라 부르고 있다.

▶▶ 5D에 의한 시공 비용이나 기성고의 파악

4D에 다시 비용 축을 더한 것을 '5D'라고 한다. BIM 모델의 각 부재의 속성정보에 비용 정보를 입력하여 5D로서 공정 시뮬레이션이나 집계를

함으로써 현재의 시공 단계에서 시공 완료 부재의 비용이 얼마일지를 금액적으로 파악할 수 있다. 이것은 공사 진행 기준에 의한 적산 시에 근거 데이터로서 사용할 수 있다.

4D, 5D에 의한 시공 단계의 보고서를 BIM 모델과 연동하여 자동적으로 만드는 소프트웨어도 있다. 해외 프로젝트에서는 이러한 소프트웨어의 영어판을 사용함으로써 해외 발주자에게 공정이나 기성고에 대한 설명 책임을 완수할 수 있다.

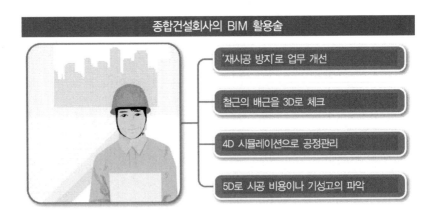

종합건설회사의 BIM 활용술

- '재시공 방지'로 업무 개선
- 철근의 배근을 3D로 체크
- 4D 시뮬레이션으로 공정관리
- 5D로 시공 비용이나 기성고의 파악

5-6

종합건설회사의 BIM 활용 사례

야하기^{矢作}건설공업

야하기건설공업(본사: 나고야^{名古屋}시 동구)은 어느 물류창고의 시공관리에 상세한 BIM 모델을 작성하여 구체나 배근 등의 시공도 작성에서 철골의 시공 시뮬레이션, 게다가 측량기와 연계하여 콘크리트 두께 관리까지 철저히 활용하였다.

▶▶ 측량 수준의 정밀한 BIM 모델을 작성

야하기^{矢作}건설공업은 이 물류 창고 현장에 Autodesk의 Revit나 Navisworks, BIM360 DOCS 등을 중심으로 활용하면서 시공 BIM을 실천하였다. 착공 시의 가설 계획 단계에서는 BIM 모델의 정밀도는 별로 높지 않았지만 서서히 시공도 수준까지 BIM 모델의 정밀도를 높여가고 있었다.

그리고 최종적으로는 램프부의 콘크리트 타설 두께를 밀리미터 단위로 먹매김한다고 하는 측량 작업으로의 활용까지 시행한 것이다. 결국 실물 구조부와 전체 동등한 정밀도를 가진 정확한 BIM 모델을 작성한 것이 된다.

▶▶ 비계 계획이나 크레인 작업의 시뮬레이션도

BIM 모델은 공사의 모든 단계에서 사용할 수 있다. 기초 구체의 시공도나 외부 비계의 계획도를 만들고 시계열적으로 4D로 BIM 모델을 구동하면서 공정의 검증도 하였다.

또 기초의 배근이 간섭 없이 조립되는지의 검토나 라선 모양의 경사로를 가진 램프동의 시공도 작성, 크레인에 의한 철골의 조립 작업의 시뮬레이션도 BIM 모델에 의해서 하였다.

▶▶ 측량기와 BIM 모델의 연계로 '1인 먹매김'을 실현

고정밀도인 BIM 모델은 측량기와 연계하여 현장의 먹매김 작업에 사용할 수 있을 정도이다. 그래서 Topcon의 먹매김용 레이저 측량기 'LN-100'과 Autodesk의 'Point Layout'이라는 태블릿 단말용 시스템을 사용하여 램프부의 콘크리트 두께를 밀리미터 단위의 높이로서 먹매김하는 작업에도 활용하였다. 이 시스템은 태블릿 단말상에 현장의 BIM 모델이나 측점을 지시하는 프리즘바의 현재 위치를 표시하면서 1명으로 먹매김을 할 수 있는 것이다. 이전에는 이 먹매김 작업에 3명이 필요하였으므로 상당히 생산성이 높아졌다.

물류창고 공사에서의 BIM 활용 예

램프동의 비계 계획에 사용된 BIM 모델(좌). 시계열로서 BIM 모델을 구동해가는 공정계획(우)

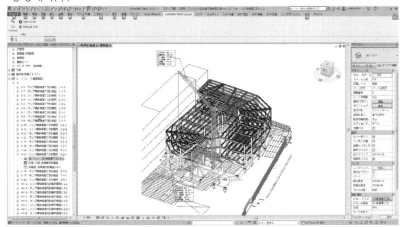

BIM 모델에 의한 크레인 작업의 계획

BIM 모델과 측량기 'LN-100'의 연계에 의한 1인 먹매김 작업(좌)과 태블릿 단말에 표시된 BIM 모델(우)

좌측 사진 제공: 이에이리 료우타(家入龍太), 4점의 자료 제공: 야하기(矢作)건설공업

5-7

설비공사회사의 BIM 활용술

30%의 재시공을 이익으로 바꾼다

설비공사는 구체공사와 내장공사 사이의 짧은 기간에 시행할 필요가 있어 현장에서 조정하는 작업도 많아 30%의 재시공이 발생하는 것으로 알려졌다. 설비공사회사의 BIM 활용은 이 낭비를 이익으로 바꾸는 것이 중요 목표가 될 것이다.

▶▶ BIM으로 재시공을 이익으로 바꾼다

지금까지의 설비 공사는 설계에서 뒤로 미룬 다양한 문제를 현장에서 단숨에 도맡아 해결하는 측면도 있었다. 그 때문에 예상하지 못했던 설계 변경으로 건물의 현재 상태에 맞추어 현장에서 배관이나 덕트 등을 가공하여 부착하거나 부착 순서를 그 자리에서 바꾸는 '현장 맞춤'을 할 필요가 있었다. 이러한 현장 맞춤으로 공사의 재작업에 의한 낭비는 30%에 달하는 것으로 알려져 있다.

설비 공사 회사의 BIM 활용은 우선 현장 상황을 BIM으로 완전히 모델화하여 구체 등과의 간섭 부분을 명확히 하는 것으로부터 시작된다. 그리고 설비의 치수, 형상을 착공 전에 명확히 하여 자재의 반입이나 시공 순서를 계획하여 둠으로써 어떻게 재시공을 방지할 지가 중점적인 테마가 된다.

BIM 활용은 3D에 의한 간섭체크나 4D에 의한 자재 반입, 부착 시의 시뮬레이션, 자재 발주나 반입 스케줄 관리 등이 포인트가 된다.

그를 통해 재작업 공사의 헛수고를 이익으로 바꾸는 것이 BIM 활용의 중요 전략이 될 것이다.

▶▶ 공기를 단축하는 사전제작화, 유닛화

BIM으로 설비 공사를 계획함으로써 '현장 맞춤'은 대부분 없어진다. 이것은 배관이나 덕트 등의 부재를 현장으로부터 떨어진 공장에서 사전제작화할 수 있다는 것을 의미한다.

설비 공사의 착공 전부터 공장에서 부재를 제작해두고 현장에서 작업이 가능해진 시점에 사전 계획대로 부재를 반입하여 현장에서는 순서대로 조립하기만 하면 되는 공사가 실현된다면 현장에서의 작업량이 대폭적으로 줄어 공기를 단축할 수 있다. 물론 재시공에 의한 헛수고도 대부분 발생하지 않는다.

게다가 펌프나 밸브, 배관 등의 부재를 어느 정도 정리된 유닛으로 공장에서 조립해두면 현장에서의 작업은 한층 더 경감될 수 있어 공기 단축이나 작업의 안전성 향상에 유용하다.

▶▶ BIM 모델로서 리모델링 공사를 획득

BIM 모델로 설계된 대로 공사를 하여 두면 나중의 내장공사에서 천장판이나 벽, 바닥재 등이 깔려 있더라도 그 안에 어떠한 배관, 덕트가 지나가고 있는지를 명확히 알 수 있다. 건물이 수리할 시점이 되었을 때 벽이나 천장 등을 떼어내지 않아도 설비의 위치를 정확히 알 수 있으므로 공사비 견적의 정밀도를 높이는 것 외에 현장 맞춤하는 공사도 적어지기 때문에 공사비 측면에서도 유리해진다.

더욱이 지금부터는 빌딩 에너지 관리 시스템BEMS이나 스마트 그리드 능 BIM 모델을 다른 시스템과 연동시킨 시스템의 활용도 진행해나갈 것이다. 그때는 BIM 모델은 리모델링 공사뿐만 아니라 일상 유지관리 작업에서도 사용될 수 있게 된다.

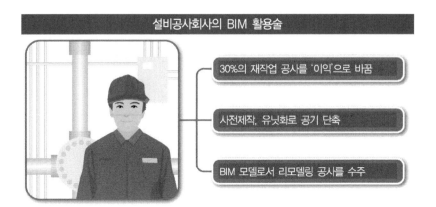

설비공사회사의 BIM 활용술

30%의 재작업 공사를 '이익'으로 바꿈

사전제작, 유닛화로 공기 단축

BIM 모델로서 리모델링 공사를 수주

5-8

설비공사회사의 BIM 활용 사례

신료냉열공업

설비공사 대기업인 신료新菱냉열공업에서는 3D 모델링이나 환경해석 등 다양한
BIM 소프트웨어를 신축 공사나 리모델링 공사에서 전사적으로 활용하고 있다.
공사의 재작업 방지나 사전제작화에 의한 공기단축 등으로 큰 효과를 올리고 있다.

▶▶ 대규모 물건에서 일본 최초의 IPD를 실현

프로젝트 관계자가 협력하면서 효율적으로 건설을 하는 방법을 IPD
Integrated Project Delivery라고 한다.

NTT데이터가 시공주가 되어 건설한 '미타카三鷹 Data Center EAST'는 지
상 4층, 연면적 약 3만 7,000m²의 대규모 건물이면서도 시공주 외 설계
회사나 건설회사, 전문공사 회사 등의 관계자가 BIM을 사용하여 초기 단
계부터 협의하여 이 규모의 프로젝트로서는 일본 최초의 IPD 도입을 실현
하였다.

▶▶ 'BIM 분과회'에서 의사 결정

공조·위생 설비 공사를 담당한 신료新菱냉열공업은 건축 공사를 담당한
후지타Fujita와 함께 BIM 매니저의 일원으로 BIM 활용을 견인하였다. 착공
과 동시에 각 사의 BIM 담당자가 참가한 'BIM 분과회'라는 조직을 결성하
여 BIM에 관한 의사 결정이나 BIM 운용 방침이나 규칙, 가이드라인의
책정 등을 하였다.

▶▶ '가상 인도引渡'로서 100건 가까운 과제를 해결

IPD스러운 느낌이 드는 것은 공사 착수 전에 책정된 'BIM 실시계획서'에 근거하여 실물 건물 전에 BIM 모델을 시공주에게 인도하는 '가상 인도VHO, Virtual Hand Over'를 공사 중에 2회나 한 것이다.

1회째의 VHO는 기기의 배치나 수납을 조정하여 공간적인 일관성을 확보한 '마무리 조정 BIM'의 완료 시에 시행하였다. 그러면 100건 가까운 과제가 현재화된 것이다. 2회째는 '가상 준공 BIM'의 완료 시에 실시하여 유지관리 업무에서의 활용성을 검토하였다. 이러한 과제는 실제 준공 전에 해결하였다.

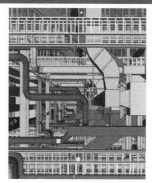

실제 현장(좌)와 BIM 모델(우)

BIM 분과회에서의 검토 모습

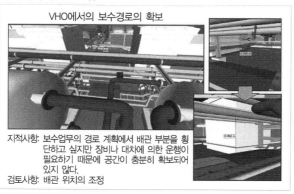

가상 준공 BIM에 의해 발견된 보수 경로의 문제점

사진·자료 제공: 신료新菱냉열공업 주식회사

5-9

부동산 관리회사의 BIM 활용술

건물 내 전부를 비즈니스 대상으로

건물관리의 자료로서 준공 시의 BIM 모델을 사용하면, 건물의 구조나 설비를 모두 투명한 유리 속을 보는 것처럼 관리할 수 있고 수선 계획의 작성이나 수선 비용의 산출을 대폭 자동화할 수 있다. 더욱이 건물 내의 전부를 관리 대상으로 하여 비즈니스를 확대하는 것도 가능하다.

▶▶ 유지관리비의 절감에 BIM을

건물을 건설할 때는 건설 시에 필요한 설계·시공 비용의 쪽에 주의를 기울이는 경향이 있다. 그러나 준공 후의 유지관리 단계에서 소요되는 비용은 설계·시공 비용의 3~4배가 되는 것으로 알려져 있다. 건물을 수익성 면에서 고려할 경우, 초기 비용을 줄이는 것보다 건설에서 사용·해체까지의 라이프사이클 전체에서의 총비용을 줄이는 쪽이 효과적이다.

건물을 구성하는 구조나 설비 기기, 외장재 등의 정보를 하나의 BIM 모델에 입력하여 유지관리 업무에서 활용하면 수선 계획이나 수선 예산의 작성을 자동화할 수 있다. 또 대규모 수선 공사에서는 배관이나 덕트 등 숨겨진 설비의 위치나 상태도 알 수 있으므로 계획이 용이해진다.

▶▶ 고정밀도의 감정평가에

건물을 중도에 매각할 때는 '감정평가'라는 조사를 하며, 건물 각 부분의 상태를 조사하여 건물 가치를 산정하는 자료를 만든다. 그러나 벽이나 천장 속에 숨겨진 방대한 설비나 기기 등의 상태를 완전히 파악할 수 없는 한계도 있었다.

최근 건물의 가격 기준이 건물의 현재 가치보다도 운용 시의 현금 흐름으로 되어온 점이나 해외로부터의 투자가 증가되는 점에 의해 운용 비용에 직결되는 감정평가의 정밀도 향상도 요구되고 있다.

유지관리를 BIM 모델로 시행함으로써 건물 각 부분의 상태를 투명 유리 속처럼 파악할 수 있으므로 높은 정밀도의 감정평가·리포트를 작성할 수 있으며 매각 시의 평가나 가격이 상승하는 것을 기대할 수 있다.

▶▶ 건물 내의 비품, 인사도 BIM으로 관리

빌딩관리 회사의 업무 대상은 지금까지 자산관리로 알려졌다. 그러나 건물 관리에 BIM 모델을 사용하면 비품이나 열쇠, 입주 세입자, 사용 에너지나 CO_2 배출량으로부터 인사까지, 건물 내의 모든 것을 관리 대상에 포함시키는 것이 가능하다.

예를 들어, 'ArchiFM'이라고 하는 유지관리 소프트웨어는 BIM 소프트웨어 'ARCHICAD'로 작성된 BIM 모델을 읽어 들여, ARCHICAD와 연동하여 3차원 공간상에서 '구역 관리', '입주자 관리', '자산 관리', '이설 관리' 등을 할 수 있다. 설계, 시공 단계에서 만든 BIM 모델을 준공 후에도 유지관리에 활용함으로써 인사이동에 따른 사무실의 레이아웃 그리고 가구나 비품의 관리·판매 등 새로운 비즈니스가 열릴 것이다.

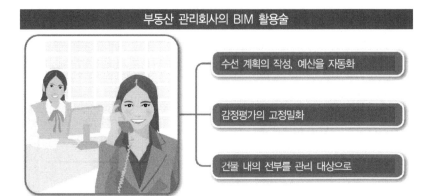

부동산 관리회사의 BIM 활용술

- 수선 계획의 작성, 예산을 자동화
- 감정평가의 고정밀화
- 건물 내의 선부를 관리 대상으로

5-10

부동산 관리회사의 BIM 활용 사례

일본 GLP

물류시설을 전문으로 하는 부동산 회사의 일본 법인, 일본 GLP는 고품질의 대규모 물류 시설을 설계하기 위해 BIM을 도입하여 건물의 수명에 크게 영향을 미치는 구조 부분을 자사에서 설계하였다.

▶▶ 고품질의 물류 시설의 건설에 BIM 도입

세계적으로 대규모 물류 시설을 개발·운영하는 부동산 개발회사 GLP사의 일본 법인인 일본 GLP는 사이타마埼玉현 산고三郷시의 대규모 물류 시설(연면적: 9만 5,000㎡)의 건설 시에 건물의 수명에 큰 영향을 미치는 구조부분을 BIM 소프트웨어로 설계하였다.

이 물류 시설은 부동산 투자의 대상이며 고품질이고 장수명의 건물을 만드는 것이 중요하였기 때문이다.

▶▶ 면진 장치나 표준 부재를 BIM parts화

고품질의 물류 시설을 저비용으로 건설하기 위해 면진 구조의 설계 방법을 독자적으로 개발하여 기둥이나 보의 단면을 20% 정도 줄일 수 있게 하였다. 면진 장치나 물류 시설로서 효율적인 11×11m의 스판 구획을 모듈로 하여 BIM parts화하여 설계에서 여러 번 사용할 수 있도록 하였다.

그 저의는 향후의 설계 업무의 효율화이다. 동일한 구조의 물류 시설을 향후 여러 지역에 건설할 때 이러한 BIM parts는 반복 사용할 수 있다. 설계나 시공도 작성의 시간과 노력을 줄일 수 있을 뿐만 아니라 견적이나 수량 산출 노력도 줄일 수 있다.

▶▶ 라이프사이클 코스트 삭감에 BIM을 활용한다

일본 GLP가 구조 부분을 자사에서 지정한 구조 설계사무소에 의뢰하고 있는 것은 물류 시설의 공사비 중 구체 부분이 60%를 차지하기 때문이다. 그 때문에 구조 부분의 설계·시공을 여하히 표준화하여 유지관리를 포함한 비용 저감을 실현할 수 있을지가 라이프사이클 코스트 절감의 큰 요소가 된다.

또 수십 톤이나 되는 트럭이나 지게차가 분주히 돌아다니는 창고에서는 바닥 등에 큰 충격이 가해진다. 보수 등을 최소한으로 억제하면서 창고를 장기간에 걸쳐 운용해나가기 위해서는 튼튼한 구조가 기본이 된다. 그것을 실현하는 것이 BIM인 것이다. 그리고 창고 운용 시의 관리에도 BIM 모델을 활용하여 효율화하는 것을 고려하고 있다.

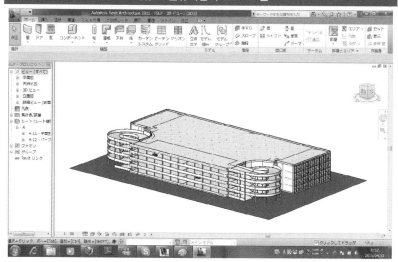

구조 부분은 일본 GLP가 스스로 설계하였다.

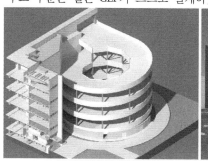

램프 부분의 BIM 모델

완성된 물류 시설의 사진

자료 제공: 일본 GLP 주식회사

5-11

교육기관에서의 BIM 활용술

건축을 종합적으로 단시간에 이해

대학의 건축계 학과 등에서도 BIM이 도입되기 시작하였다. '도면 편중'의 교육에 비해 BIM 모델은 건물 전체의 구조를 이해하기 쉽고 의장과 구조, 설비를 조합시킨 종합적인 건축 지식이 익숙해지는 장점이 있다.

▶▶ '도면 편중' 교육으로부터의 탈피

기존 건축 교육은 '도면 편중'의 측면이 있었다. 3차원인 건물 설계 정보를 2차원인 종이에 나타내는 수단이었던 도면을 혼자만의 노력으로 여하히 도면을 이해하여 아름답게 그릴지에 시간을 뺏기기 일쑤였다.

그러한 점에서 BIM 모델을 사용한 교육은 도면이라는 형식에 구애받지 않고 건축의 본질적인 지식을 균형 있고 속도감 있게 배우는 것이 특징이다.

▶▶ 건물 전체의 구조나 기능을 빠르게 이해

처음으로 건축을 배우는 학생은 우선 건물 전체의 구조를 이해할 필요가 있다. 건물의 골격인 기둥이나 보 외에 건물을 지탱하는 기초, 공조 덕트나 급수관, 배수관 그리고 단열재나 방습재 등 건물의 중요한 부재는 표면에서 볼 수 없는 장소에 숨겨져 있다.

이러한 부재의 배치나 이름, 각각의 기능을 설명하기 위해 도면을 사용하면 알기 어렵고 시간도 걸린다. 그 점에서 BIM 모델이라면 건물을 다양한 각도에서 단면을 잘라 내거나 지붕재료나 벽재료 등을 벗겨내면서 실물과 마찬가지로 시각적으로 볼 수 있으므로 건물 전체를 신속하게 이해할 수 있는 장점이 있다.

▶▶ 의장, 구조, 설비의 총합교육

기존의 구조역학 수업에서는 단순한 구조, 하중에 의해 발생하는 휨모멘트나 전단력도를 구하는 것이 고작이었으나, BIM 모델을 사용하면 지진 시에 건물 전체의 보나 기둥에 어떠한 응력이 발생할 것인가를 시각적으로 이해할 수 있다.

또 BIM 모델로서 유체해석을 함으로써 자연 환기나 공조에서의 공기의 흐름이 세부까지 이해할 수 있으며, 풍향이나 개구부 유무 등의 조건을 바꾸면서 단시간에 많은 케이스를 실제로 해볼 수 있다. 실험에서는 이렇게 많은 것은 시도해볼 수 없을 것이다.

이와 같이 BIM 모델을 사용한 건축 교육에서는 의장, 구조, 설비에 대한 전체적인 지식을 균형있게 익힌 인재를 육성할 수 있는 것이 특징이다.

▶▶ 인간의 능력을 초월한 새로운 디자인 교육

최근에는 복잡한 3차원 곡면이나 랜덤한 부재의 배치를 살린 디자인의 건물이 늘고 있다. 컴퓨터 프로그램에 의해서 인간으로는 상상할 수 없는 디자인을 만들어낸다. BIM 모델을 사용하면 'Algorithmic Design'이라고 하는 새로운 방법 등도 건물의 의장 설계에 활용하기 위한 방법으로서 실천적으로 교육을 할 수 있다.

기존 도면 베이스의 교육에서는 이러한 디자인 방법의 교육이나 연구는 하기 어려웠을 것이다.

교육기관의 BIM 활용술

- '도면 편중' 교육에서 탈피
- 건물 전체의 구조·기능을 신속하게 이해
- 의장, 구조, 설비의 종합교육
- 새로운 디자인 교육의 실천

5-12

교육기관에서의 BIM 활용 사례

도쿄東京공예대학 공학부 건축학과

도쿄공예대학 공학부 건축학과에서는 A&A의 BIM 소프트웨어 'Vectorworks' 상에서 동작하는 열환경 해석 소프트웨어 'ThermoRender Pro'나 피난 시뮬레이션 소프트웨어 'SimTread'를 사용한 BIM 시대에 걸맞은 실습을 하고 있다.

▶▶ BIM을 사용한 시뮬레이션 교육

도쿄東京공예대학 공학부 건축학과에서 CAD 교육을 담당하는 비상근 강사인 모리야야스히코森谷靖彦 씨는 1학년 2학기 수업에서 CAD의 개념이나 기본 조작을 공부하는 실습과 'Vectorworks'와 'SimTread'를 사용한 피난 시뮬레이션의 실습을 하고 있다. 그리고 2학년은 건축 도면 읽는 방법이나 그리는 방법을 공부하고, 기본적인 디자인 수법을 습득한다. 그리고 3학년 1학기에는 'Vectorworks' 'ThermoRender Pro'를 사용하여 상업 시설의 열환경시뮬레이션을 하여 최적화를 목표로 하는 고도한 실습을 하고 있다. 그 목적은 경영 감각을 도입한 건축 교육에 있다.

▶▶ 시설의 안전성과 수익성을 양립

1학년 대상 피난 시뮬레이션 실습에서는 극장 내에 있는 관객이 화재 등으로 극장 밖으로 대피할 때의 시간을 'SimTread'에 의해서 시뮬레이션하여 개구부나 벽을 배치함과 동시에 매점 공간도 확보하는 안전성과 수익성의 양립이 과제이다. 4~8명으로 이루어진 20개 반으로 나누어 작업을 하고 마지막에 프레젠테이션을 한다. SimTread를 사용하면 화재 발생

시에 출구 부근에 관객의 대기 행렬이 생기거나 하는 피난 과정의 모습도 리얼한 동영상으로 관찰할 수 있다.

▶▶ 실존하는 상업 시설의 열환경을 개선

3학년 대상 열환경시뮬레이션의 실습에서는 도쿄東京도 내에 실존하는 상업 시설을 열환경적으로 개선한다. BIM 모델로 표현된 건물의 배치나 형상, 수목의 숫자나 위치를 바꾸고는 ThermoRender Pro로 건물이나 지면이 표면 온도 분포를 확인하고 더 한층 설계를 개량하는 최적화를 목표로 한다.

1학년 2학기에 하는 'SimTread'를 사용한 피난 시뮬레이션의 연습

SimTread에 의한 피난 시뮬레이션의 연습

초기안· 개선안의 비교

비교를 한 결과, 개선안에서는 어떤 시간대에서도 지표면 온도가
초기안에 비해 내려가는 것을 알았다. 또 25° 이하를 나타내는 녹
색의 개소도 나타났다.

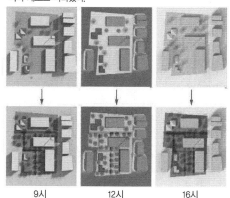

9시   12시   16시

ThermoRender Pro에 의한 초기안(상)과 개선안(하)의 열환경 비교

이 쪽의 사진·자료 제공: 도쿄東京공예대학 모리야야스히코森谷靖彦

COLUMN 일본산 시스템의 연계에 의한 'J-BIM 네트워크'

BIM용 의장 설계 CAD 소프트웨어는 외국 제품이 큰 점유율을 차지하고 있는데, 그중에서 기염을 토하고 있는 것이 후쿠이▨컴퓨터 아키텍트의 '일본발' BIM 건축 설계 시스템 'GLOOBE'이다.

'일본의 BIM 원년'이라고 알려진 2009년 11월 18일에 발매된 이 CAD는 일본 산의 강점을 살려 일본 독자의 건축 기준법에 대응하여 일본적인 실계 사고방식이나 작업 방법과의 친숙성을 자랑으로 삼고 있다.

그래서 'GLOOBE'를 축으로 하여 다른 일본산 소프트웨어 판매자의 소프트웨어와 연계한 'J-BIM 솔루션 네트워크'가 탄생되었다. 예를 들어, Software Center의 건축구조 설계 시스템 'SIRCAD'나 닛세키▨積 Survey의 수량 적산 시스템 'HELIOS' 등과의 연계 강화를 하고 있다. 더욱이 설비 설계나 기류, 온열, 모델링 등의 도구와도 연계를 실현하고 있다.

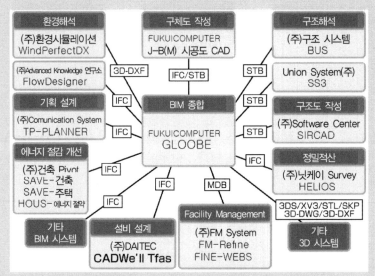

J-BIM 솔루션 네트워크에 의한 일본산 소프트웨어의 연계 맵

자료 제공: 후쿠이▨컴퓨터 아키텍트 주식회사

제 6 장

해석과 시뮬레이션

BIM 모델의 3차원 형상이나 속성정보를 'IFC 형식' 등의 데이터를 사용하여 다른 소프트웨어로 읽어 들임으로써 데이터를 재입력하는 수고 없이 해석이나 시뮬레이션을 손쉽게 할 수 있다.

BIM 모델을 사용하여 설계 중인 건물에 대해 다양한 해석이나 시뮬레이션을 함으로써 설계 내용에 정합된 해석 결과를 얻을 수 있다. 또 설계를 수정하고 해석하는 작업을 반복함으로써 해석 결과를 설계에 '피드백'하여 최고의 성능을 추구하는 것도 가능하다.

건물의 법령 기준을 명확히 하는 것이나, 태양광·자연 환기의 활용에 의한 환경 성능의 향상, 해일이나 낙뢰 등에 대한 안전성 확보까지 BIM 모델은 다양한 검토에 활용할 수 있다.

건물의 환경성능을 향상

에너지 소비량을 '가시화' 한다

BIM은 환경 성능이 높은 건물을 설계함에 있어 큰 힘을 발휘한다. 겨울철은 태양광을 옥내로 끌어들이고 여름철은 차단하는 차양 설계로부터 에너지해석 소프트웨어에 의한 공조부하나 광열비의 자동계산 그리고 CASBEE의 평가까지 다양한 방법이 있다.

▶▶ BIM 소프트웨어의 기본 기능으로 에너지 절약 설계

의장 설계용 BIM 소프트웨어에는 일영日影해석 기능이 붙어 있어 위도나 월일, 시간 등을 입력하면 건물의 내외에서 어떠한 그림자가 생길지 알 수 있다. 이 기능을 사용하면 건물의 방향이나 창이나 차양의 길이 등을 조정하여 에너지 절약성이 높은 건물을 설계할 수 있다.

▶▶ 매달 광열비를 BIM으로 그래프화

BIM 소프트웨어에 연동한 에너지해석 소프트웨어를 사용하면 건물의 소비 에너지를 한층 더 세밀히 검토할 수 있다. 예를 들어, Grahpisoft의 'EcoDesigner STAR For ARCHICAD Add-On'이라고 하는 에너지해석 소프트웨어는 ARCHICAD로 작성한 BIM 모델로부터 매월 공조 부하나 냉난방에 요하는 공조 에너지의 상세한 그래프나 에너지원별 광열비, CO_2 배출량 등을 정량적으로 계산할 수 있다.

Autodesk의 Revit에는 'Insight'라고 하는 건물 성능 해석 클라우드 시스템에 접속할 수 있는 플러그인이 준비되어 있으며, 이 시스템을 통해 건물의 에너지해석이나 주광 해석, 냉난방 부하 계산 등을 할 수 있다. 설계 변경과 해석을 반복함으로써 건물의 에너지 성능을 최적화할 수 있다.

▶▶ CASBEE 평가의 노력도 BIM으로 반감

Revit용 플러그인 'Revit Extension for CASBEE'는 건축환경 종합성능평가 시스템 'CASBEE-신축(간이판) 2010년판' 중 평가 부담이 큰 건물의 외피 성능이나 자연환기 성능, PAL 계산 등의 12항목을 BIM 모델로 평가함으로써 평가 부담이 약 절반 정도가 되었다(Revit 2014 이후는 개발되어 있지 않음).

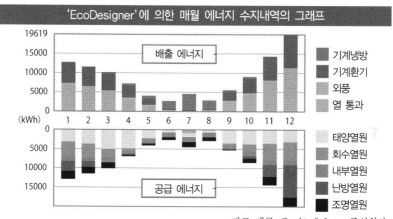

자료 제공: Graphisoft Japan 주식회사

열원	연간 합계		연간 내역	
	kWh/년	Euro/년	kWh/㎡·년	Euro/㎡·년
천연가스(41%)	20264	810	53.61	2.14
장작(4%)	3362	47	5.96	0.12
전력(55%)	26330	2896	69.66	7.66
합계	48846	3753	129.22	9.93

연간 광열비 내역

48846kWh
129.22kWh/㎡

자료 제공: Graphisoft Japan 주식회사

'Revit Extension for CASBEE'에 의한 PAL 값의 계산 예

Perimeter zone의 자동 작성   PAL 값 계산 결과

자료 제공: Autodesk 주식회사

열유체해석

자연환기로부터 거리의 통풍까지

BIM 모델을 사용한 해석 중에서 폭넓은 응용 분야를 가지고 있는 것이 열유체해석CFD이다. 공기나 물의 흐름과 그것에 수반한 열의 분포를 해석하는 기술로서 Data Center의 공조 효율화로부터 건물의 자연환기, 빌딩풍, 거리의 통풍 등이 가능하다.

▶▶ 열유체해석 소프트웨어란

열유체해석CFD 소프트웨어란 공기나 물의 흐름이나 그것에 수반하는 열의 전달을 해석하는 것이다. 건물의 내부나 주변을 흐르는 바람이나 열의 움직임을 해석하여 화살표나 색 분포 등에 의해서 알기 쉽게 가시화한다.

열유체해석 소프트웨어는 건물이나 방의 형태를 3차원으로 모델화하는 기능을 가지고 있지만 최근에는 BIM 소프트웨어로 만든 건물의 모델을 IFC 형식이나 DWG 형식으로 읽어 들이는 것이나 BIM 소프트웨어의 애드온 소프트웨어로서 BIM 모델을 직접, 열유체해석용으로 데이터 변환할 수 있는 것이 시판되고 있다.

▶▶ 열유체해석 소프트웨어의 용도

열유체해석 소프트웨어의 활용 범위는 큰 것부터 작은 것까지 다양한 것이 있다. 작은 예로는 PC 내부나 그래픽보드 주변의 기류해석으로부터 약간 커지면 방 안이나 건물 내부의 풍동 해석, 큰 것은 거리 전체에서의 통풍이나 열섬heat island해석까지 폭넓게 활용할 수 있다.

자연환기에 의한 에너지 절약형 빌딩에서는 아래층에서 외기를 받아들여 건물의 내부를 통과하면서 위층으로 유도한다. 공기를 옥외로 배출할 때는 상승 기류를 잘 이용하여 건물의 상부로부터 배기할 필요가 있다. 열유체해석 소프트웨어는 이러한 때 위력을 발휘한다.

높은 건물의 주위에는 빌딩풍이라는 강한 바람이 부는 경우가 있다. 건물의 배치나 외형, 높이 등을 검토하는 설계의 초기 단계에서 열유체해석 소프트웨어에 의해서 주변의 환경을 확인하면, 빌딩풍의 영향이 적은 설계가 가능해진다.

최근은 다수의 서버를 수용한 데이터 센터라 불리는 빌딩의 에너지 절약 성능을 높일 필요성이 제기되고 있다. 서버실 내부에서 냉각용 공기가 고르게 흐르는지 어떤지의 해석에도 열유체해석 소프트웨어는 자주 사용되고 있다.

실내 기류의 해석 예	데이터센터 내의 기류해석의 예

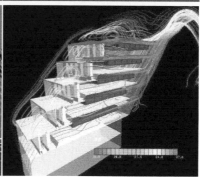

자료 제공: 주식회사 Advanced Knowledge 연구소   자료 제공: 신료新薄냉열공업 주식회사

건물 내부의 자연환기의 해석	거리 전체에서의 통풍성 해석

자료 제공: 주식회사 환경시뮬레이션   자료 제공: 주식회사 환경시뮬레이션

6-3

지진해일해석

지진해일에 견디는 건물을 설계한다

해안 부근에 있는 사람들이 지진해일 발생 시에 대피하는 '지진해일 피난 빌딩'이나 연안의 발전소 등이 지진해일에 견딜 수 있도록 설계하기 위한 해석이 시행되고 있다. 향후 BIM의 활용 분야의 하나가 될 것이다.

▶▶ 건물에 작용하는 지진해일의 하중을 해석

2011년 발생한 동일본 대지진에서는 지진해일에 의해서 많은 건물이 붕괴되었다. 연안부에서는 지진해일 발생 시에 사람들이 대피하는 지진해일 빌딩의 필요성도 지적되고 있다. 또 해안에 입지한 발전소나 공장 등이 지진해일에 견딜 수 있도록 설계·리모델링을 해야 한다는 요구도 있다.

건물에 지진해일이 작용할 때의 힘은 지진해일의 높이나 속도, 건물의 형태나 주변의 건물의 분포 등에 따라서 복잡한 성질을 나타낸다. 이러한 경우도 유체해석 소프트웨어를 사용하면 건물이나 구조물에 가해지는 지진해일의 하중을 정밀하게 계산할 수 있다.

▶▶ 건물 내부의 흐름도 해석

지금까지의 지진해일해석은 지진해일의 파고와 지반의 높이로부터 도시 내의 침수역의 넓이나 침수 시의 수위 등을 예측하는 것이 중심이었으나 최근은 건물과 지진해일의 거동을 유체해석에 의해 정밀하게 구하는 기술 개발이 시행되고 있다.

예를 들어, 주식회사 환경시뮬레이션은 2005년부터 독립행정법인 건축

연구소와 공동으로 건축물에 작용하는 지진해일 하중을 해석하는 기술 개발을 진행해왔다. 3층의 초등학교 건물에 파고 1~5m의 지진해일이 작용했을 때 지진해일의 움직임이나 건물에 작용하는 힘 등을 해석하는 기술이다.

창유리가 지진해일에 의해 깨지면, 건물의 내부를 지진해일이 빠져나가 1층 부분의 수압이 2층의 바닥을 들어 올리는 것도 명확해졌다.

▶▶ 지진해일에 의한 구조물의 변형도 해석

자동차 등 제조업용 소프트웨어를 개발하여 온 일본 ESI는 입자법이라는 방법을 사용하여 지진해일이 방파제나 건물에 충돌하거나 유입할 때의 움직임을 컴퓨터로 해석하는 기술을 가지고 있다.

일본 ESI는 지진해일과 구조물의 상호작용을 해석하는 연성해석連成解析이라고 하는 기술을 가지고 있다. 예를 들어, 탱크 등의 구조물이 지진해일의 힘으로 변형되는 중에 한층 더 지진해일이 그 둘레를 흐르게 되는 경우 지진해일의 흐름을 유체해석으로 해석하면서 구조물의 변형을 구조해석으로 계산해내는 고도한 해석도 가능하다.

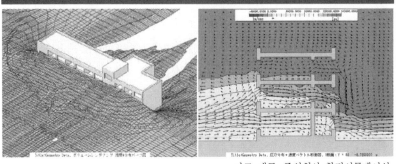

자료 제공: 주식회사 환경시뮬레이션

해안부의 탱크를 지진해일이 습격하였을 때의 지진해일의 움직임(좌)과 탱크의 변형(우)의 시뮬레이션 예

자료 제공: 일본 ESI 주식회사

6-4

열섬해석

태양 에너지를 가시화한다

도심부에서는 태양광에 의해서 주위 지역보다 기온이 높아지면 열섬heat island현상
이 일어난다. 건물이나 주변의 도로, 수목 등을 BIM 모델화하여 소프트웨어로
해석함으로써 열섬현상을 완화시키는 대책의 검토도 가능하다.

▶▶ 일본발 환경해석 소프트웨어 '서모렌더ThermoRender'

아스팔트 포장 도로나 콘크리트 건물이 많은 도심부에서는 태양광의
열이나 공조기의 배출열 등에 의해 주변부보다 기온이 높아지면 열섬현상
이 일어난다.

A&A의 'ThermoRender'는 동사의 의장 설계용 BIM 소프트웨어 'Vectorworks'
와 연동하여 열섬 현상 등의 열환경을 해석하는 소프트웨어이다. 건물
각부나 지면, 수목 등의 BIM 모델에 열전도율이나 반사율 등을 입력하여
태양광선의 방향이나 강도에 따른 각 부분의 온도 분포를 해석하여 가시
화한다.

이 소프트웨어를 사용하면, 수목의 양이나 포장이나 건물의 재질을 바꾸
면서 열섬 현상으로의 영향을 억제하는 설계가 가능해진다.

▶▶ 바람과 태양광을 동시에 고려한 해석

환경시뮬레이션의 열유체해석 소프트웨어 'WindPerfect'는 태양광에 의
한 복사열과 통풍에 의한 열의 확산 효과를 동시에 고려한 해석을 할 수
있다.

▶▶ 건물의 '물뿌림 효과'로 열섬을 완화

도쿄東京·오자키大崎역 앞의 오피스 빌딩 'NBF 오자키大崎((구)소니 시티 오자키大崎)'의 외장은 '바이오 스킨bio skin'이라고 하는 대기 냉각장치로 덮여 있다. 도기로 만든 관의 내측에 빗물을 통과시켜 스며 나오는 수분이 증발할 때의 기화열로서 빌딩 주위의 공기를 냉각하는 것이다. 닛켄日建설계는 이 빌딩의 설계 시에 열유체해석 소프트웨어 'STREAM'을 사용하여 빌딩 주변 대기의 냉각 효과를 검증하였다.

ThermoRender에 의한 해석 예

케이스 1: 수목이 전혀 없는 경우	케이스 2: 높은 나무를 식재한 경우	케이스 3: 지붕보다 높은 수관을 가진 수목을 많이 배치한 경우

수목의 양을 늘리면 건물이나 지면의 온도가 낮아지는 것을 알았다.

자료 제공: 호야노아키라梅干野晃

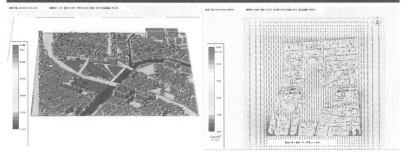

WindPerfect에 의한 열섬 현상의 해석

태양광에 의한 복사열(좌)과 통풍 해석(우)의 양쪽 효과를 동시에 고려할 수 있다.

자료 제공: 호세이法政대학 디자인공학부 도시환경디자인공학과 미야시타宮下연구실

건설 중인 '소니시티오자키(大崎)'(좌)와 바이오스킨에 의한 냉각효과의 해석(우)

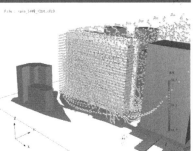

자료 제공: 주식회사 닛켄日建설계

6-5

조명해석

자연광과 인공광의 강도를 예측한다

BIM 모델을 토대로 일영 해석이나 CG 투시도 작성을 할 수 있지만 그 위에 조도와 휘도의 설계에 사용할 수 있는 공학적인 값을 해석하는 것이 조명해석이다. 전용 소프트웨어 외에 의장 설계용 BIM 소프트웨어인 애드온 소프트웨어 add-on software도 있다.

▶▶ 설계 단계에서 실내의 휘도나 조도를 알 수 있다

일영 해석에서는 실내의 어느 부분까지 태양광이 들어오는지는 알 수 있으나 빛의 휘도나 조도라고 하는 세밀한 수치까지는 알 수 없었다. 조명 해석 소프트웨어를 사용하면 그림자의 범위뿐만 아니라 플로어의 각 부분에서의 조도나 휘도를 수치 데이터로 구할 수 있다.

일영 해석과 마찬가지로 계절이나 시간·천기에 의한 태양광과 실내조명에 의한 빛을 조합할 수 있다면 어떠한 조도·휘도 분포가 될지 알 수 있다. 조명 기구의 효율적인 배치나 장소별로 적합한 종류 등을 선택할 때의 데이터로서 활용할 수 있는 것 외에, 눈부심, 전시물을 보는 방향 등도 설계 단계에서 해석할 수 있다.

▶▶ 자연광을 도입한 에너지 절약형 설계

건물의 BIM 모델에 태양에 의한 자연광이 입사했을 때에 실내의 휘도, 조도 분포를 알고 있으면 조명 기구를 창가는 적고 내측은 많도록 조정할 수 있다. 또 블라인드를 사용하는 경우 날개의 각도에 따라서 실내의 휘도,

조도 분포가 어떻게 바뀌는지도 해석할 수 있다.

자연광을 받아 들여 조명 기구를 최적화한 에너지 절약형 설계가 가능해 지는 것이다. 공학적인 데이터에 근거한 해석이므로 조명 기구의 와트수 등도 이 데이터에 근거하여 결정된다. 종래와 같이 안전을 존중한 나머지 지나치게 조명 기구의 수가 많아지는 경우도 없다.

게다가 야간 조명에서의 물체가 보이는 방향이나 휘도, 조도의 해석도 할 수 있다. 해석 결과를 토대로 주간과 야간용 스위치와 조명기구의 그룹 구분도 가능할 것이다.

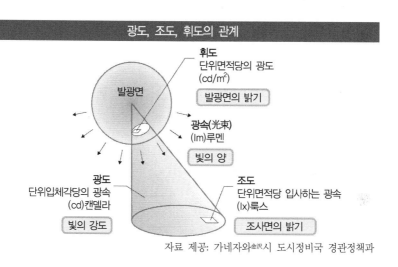

광도, 조도, 휘도의 관계

휘도
단위면적당의 광도
(cd/m²)
발광면
발광면의 밝기

광속(光束)
(lm)루멘
빛의 양

광도
단위입체각당의 광속
(cd)캔델라
빛의 강도

조도
단위면적당 입사하는 광속
(lx)룩스
조사면의 밝기

자료 제공: 가네자와金川시 도시정비국 경관정책과

'호키미술관'. 외부에서 비치는 빛의 입사 방향이나 천장으로 돌아 들어가는 빛의 밝기를 해석한 것(좌). 밝기의 분포를 색 구분한 것(우)

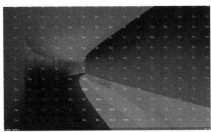

각 부분의 빛의 밝기는 수치 데이터로서도 얻을 수 있다.

자료 제공: 주식회사 닛켄日建설계

6-6

에너지해석

광열비를 비교하면서 설계할 수 있다

건물의 광열비는 지금까지 건물이 완성되어 실제로 사용해보기까지는 알 수 없었다. 그렇지만 BIM으로 설계함으로써 설계의 매우 초기 단계에서 연간 광열비나 CO_2 배출량을 알 수 있게 되었다. 광열비를 줄이기 위해 설계를 변경하는 것도 가능하다.

▶▶ 연간 소비 에너지를 대략적으로 계산

건물이 1년간에 소비하는 에너지는 조명 외에 냉난방 등 다양한 것이 있다. 소비 에너지를 엄밀히 계산하려고 하면 상당히 세밀한 데이터를 만들 필요가 있지만, 대략의 수치는 부지의 경도나 기후, 건물의 형태나 방향, 개구부, 단열성 등에 의해서 결정된다.

그래서 건물의 용도나 형태, 방향 등이 대략 결정된 단계에서 BIM 모델 데이터로부터 대략의 소비 에너지나 광열비를 계산하는 소프트웨어나 클라우드 서비스가 제공되고 있다. 예를 들어, 연간 소비하는 전력이나 가스·석유 양의 합계치나 그 지역의 전기요금이나 가스요금 등에 근거한 연간 광열비, 나아가서는 전력의 발전 종별에 근거한 CO_2 배출량 등을 대략 계산해주는 것이다.

▶▶ 완성 후의 광열비를 짐작하면서 설계

지금까지는 건물이 완성되기 전에는 알지 못했던 광열비나 CO_2 배출량을 매우 초기 설계 단계에서 검토할 수 있으므로 여러 개의 설계안을 에너지 소비량의 관점에서 비교하면서 보다 에너지 소비량이 적은 설계를 목표로 하여 진행할 수 있다.

또 태양광 발전이나 자연환기, 바이오 연료 등의 도입에 의해 어느 정도 CO_2 배출량을 줄일 수 있는지도 시산할 수 있게 되고 있다.

개략이라고는 하나 이러한 복잡한 에너지해석 값을 BIM 모델에 의해 매우 초기 설계 단계에서 신속하게 산출할 수 있으므로 라이프사이클 코스트와 에너지 절약 성능이 높은 건물을 설계하는 모티베이션이 높아질 것임에 틀림없다.

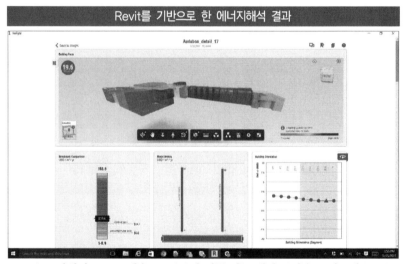

Revit으로 작성된 BIM 모델을 Autodesk의 건물 성능 해석 클라우드 시스템 'Insight'로 에너지해석을 한 예

자료 제공: Autodesk 주식회사

エネルギー収支シミュレーション

基本値

プロジェクト名:
プロジェクトの場所:　東京
アクティビティタイプ:　会社
評価日:　2009/10/14 13:23

断熱床面積:　378.00　m²
建築物の体積:　1,023.00　m³
外部熱容量:　105.82　J/m²K

熱伝導係数の計算値:

| | U値 [W/m²K] |
建築物の外郭構造の平均:　1.32
屋根:　0.22 – 7.08
外周壁:　0.44 – 3.54
地階の壁:　0.44 – 0.44
開口部:　1.50 – 1.80

エネルギー消費

供給源	年間合計		年間詳細	
	kWh/年	JPY/年	kWh/m².年	JPY/m².年
84 % 天然ガス	34680	16445	91.75	43.51
4 % 木材	2011	110	5.32	0.29
12 % 電気	4143	472	10.96	1.25
合計:	40836	17028	108.03	45.05

40836 kWh
108.03 kWh/m²

二酸化炭素排出量

この建物の稼働によるCO₂排出量は、11332 kg CO₂/年です。

このCO₂総量は、1年間に0.1 ヘクタール操(おおよそ2のテニスコートと同じ)
の熱帯雨林によって吸収される量です。

11332

年間エネルギー収支

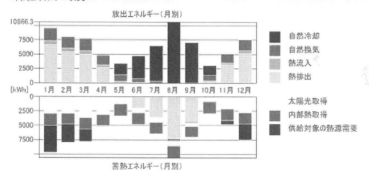

'EcoDesigner STAR For ARCHICAD 애드온'에 의한 에너지해석 결과 리포트.
'ARCHICAD'와 연동하여 연간 광열비를 계산할 수 있다.

자료 제공: Graphisoft Japan 주식회사

6-7

피난 시뮬레이션

피난 경로나 시간을 실시간으로 해석한다

건물에서 화재 등이 발생하여 건물 내로 사람들이 피난할 때의 경로나 필요 시간을 시뮬레이션하는 것이 '피난 시뮬레이션' 이다. 목적 장소로 이동하려고 하는 사람들의 움직임을 실시간으로 재현하여 가시화할 수 있는 것이 특징이다.

▶▶ 피난 경로의 선택이나 혼잡도 재현

건물에는 통상 여러 개의 피난 경로가 있다. 피난 시뮬레이션 소프트웨어는 비상시에 피난할 때 건물 내의 위치에 따른 피난 경로의 선택 방법이나 출구 부근에서 사람의 정체 등을 고려하여 과학적인 수법으로 피난 경로나 피난 시간을 해석한다.

BIM 소프트웨어와 조합하여 사용할 수 있는 피난 시뮬레이션 소프트웨어로는 A&A의 'Sim Tread'나 Forum8의 'building EXODUS' 등이 있다. 이러한 소프트웨어는 피난 외에 시가지나 상업시설, 이벤트 장소 등에서 사람의 동선을 원활히 하기 위한 검토에도 사용할 수 있다.

▶▶ Vectorworks상에서 작동하는 'Sim Tread'

A&A의 의장 설계용 BIM 소프트웨어 'Vectorworks'의 플러그인 소프트웨어에서 작동하는 'Sim Tread'는 건물의 평면도나 가구 등의 장해물을 입력한 후에 사람을 배치하고 목적지가 되는 출구를 설정함으로써 피난 시뮬레이션을 실행한다.

그렇게 하면 목적지로 향하여 최단 루트를 더듬어 찾아 이동하는 개개인의 움직임을 혼잡도나 사람끼리의 충돌 등의 상태를 색으로 구분하면서 시시각각 재현하여 시간 경과별 피난인 숫자를 그래프로 나타낸다. 도어나 피난 통로의 폭을 변화시킴으로써 피난 완료까지의 시간을 시뮬레이션으로 구할 수 있다.

이 소프트웨어는 도쿄東京소방청이 방화 안전성이 높은 건물에 대해 인정하는 '우수 마크 제도'의 신청에도 사용할 수 있다.

▶▶ 개개인의 판단도 고려하는 'building EXODUS'

Forum8의 'building EXODUS'는 피난 중인 사람들이 취하는 복잡한 행동을 개개인에 대해 해석하여 사람과 사람, 사람과 구조물, 사람과 화재 등의 상호 작용을 고려하면서 피난 시뮬레이션을 하는 소프트웨어이다.

그 덕분에 대기 시간이 길면 다른 출구로 이동하거나 건물을 잘 알고 있는 사람은 피난거리가 길어도 비어 있는 경로를 선택하는 등의 복잡한 행동을 재현한다.

건물의 BIM 모델로부터 DXF 형식의 파일에 의해서 건물의 벽이나 개구부 등의 형상을 읽어 들이도록 되어 있다.

Forum8의 화재 시뮬레이션 소프트웨어 'SMARTFIRE'와 조합시켜 사용하면 불꽃이나 연기의 확산에 반응하면서 피난하는 사람들의 피난 행동도 시뮬레이션할 수 있다.

Sim Tread에 의한 피난 시뮬레이션의 예

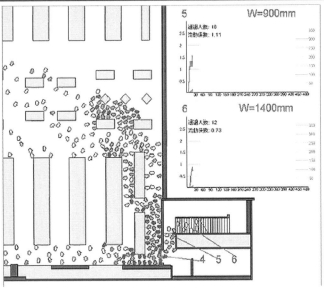

자료 제공: A&A 주식회사

Building EXODUS에 의한 지하철역에서의 동선 분석의 예

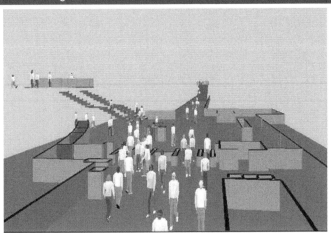

자료 제공: 주식회사 Forum8

6-8

낙뢰 시뮬레이션

서버의 번개 대책을 효율화

건물에 번개가 떨어지면 건물 내에 전류나 자계가 발생하여 컴퓨터 등이 파괴되는 경우도 있다. 그러나 건물의 각 방 전체에 낙뢰 대책을 시행하는 것은 비경제적이다. 그래서 BIM 모델을 사용한 낙뢰 시뮬레이션 시스템이 효과를 발휘한다.

▶▶ 연간 수천억 엔의 낙뢰 피해

건물의 피뢰침에 떨어진 번개의 전류는 내부의 철골이나 철근 등을 경유하여 최후에는 어스선으로부터 지중으로 흘려 보낸다. 10만분의 1초라는 상당히 짧은 시간에 갑자기 전류가 커지기 때문에 전류에 의해 철골이나 철근 주위에 전자유도 등이 발생하여 서버나 컴퓨터 등이 파괴되는 경우가 있다. 그 피해 총액은 연간 수천억 엔에 달하는 것으로 알려져 있다.

타이세이大成건설은 산코샤SANKOSHA와 공동으로 BIM 모델을 사용하여 낙뢰 시에 일어나는 건물 내의 이상 전압을 고정밀도로 예측할 수 있는 '건물 내 번개 뇌전자雷電磁환경시뮬레이션 시스템T-Lightning Internal'을 개발하였다.

▶▶ BIM 모델의 철골 부분을 입력 데이터로

건물의 철골을 3차원으로 모델화하여 낙뢰에 의한 뇌전류가 어떠한 경로를 따라가서 철골로 확산해나가는지를 해석하여 이 뇌류에 의해 발생하는 뇌전자계의 건물 내 분포를 구하는 시스템이다. 뇌전류나 뇌자계가 큰 장소나 작은 장소를 알면 서버 등 중요한 IT 기기를 설치할 방의 위치를 결정하거나 번개 대책이 필요한 부분을 좁혀 나갈 수 있다.

입력 데이터는 BIM 소프트웨어 'Revit'의 구조 설계 기능으로 작성된 BIM 모델로부터 철골 부분을 속성정보에 근거하여 자동적으로 발췌하여 만드는 것이 특징이다. 그 때문에 기존의 해석 소프트웨어와 같이 건물의 설계도와는 별도로 새롭게 시뮬레이션용 데이터를 만들 필요는 없다.

▶▶ 경량 철골을 사용한 대책공법도 개발

타이세이大成건설은 뇌전자계로부터 전자기기류를 지키는 '뇌전자계雷電磁界 배리어barrier'라고 하는 기술을 개발하였다. 시스템은 단순하며 서버 등을 두는 방의 벽이나 천장, 바닥에 내장의 바탕재로 사용되는 경량 철골을 등간격의 격자 모양으로 배치하여 전기적으로 등전위가 되도록 접속하기만 하면 된다. 이 대책에 의해서 방의 내부로 침입하는 뇌자계의 강도는 5분의 1 정도로 억제할 수 있다.

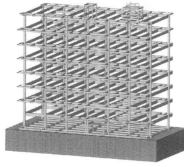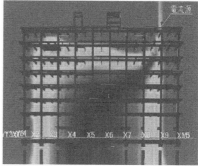

건물의 설계 업무에서 만든 BIM 모델로부터 철골 부분만 발췌한 것(좌)을 입력 데이터로 하여 낙뢰 시뮬레이션(우)을 한다.

'뇌자계 배리어'의 시공 이미지(좌)와 시험체의 시공 상황(우)

자료 제공: 타이세이大成 주식회사

6-9

도시 만들기 시뮬레이션

미래의 거리를 송두리째 모델화한다

거리 전체의 지형이나 건물, 도로, 교량 등을 송두리째 3차원 모델로 하여 도시 만들기의 검토나 합의 형성에 사용하는 예도 늘어나고 있다. 말하자면 '토목 인프라의 BIM'이라고 하는 느낌이다. 동일본 대지진의 피재지에서는 부흥계획 만들기에도 사용되고 있다.

▶▶ 토목 인프라용 BIM 소프트웨어

Autodesk의 'InfraWorks'라고 하는 소프트웨어는 3차원으로 거리 전체의 지형을 도시 모델화하고 그 위에 건물이나 도로, 지하매설물, 하천, 터널, 교량 등을 배치해나감으로써 도시 계획의 작성이나 환경으로의 영향 평가 등을 할 수 있는 것이다. 말하자면 '토목 인프라용 BIM 소프트웨어'와 같은 것이다.

특징은 간단히 사용할 수 있고 손쉽게 도시 계획안을 만들 수 있는 것이다. 도로나 교량, 건물 등의 기본적인 디자인의 3D 모델이 사전에 메뉴에 들어가 있어 그것으로부터 도시 모델 위에 'Drag and Drop'해나가면 점점 거리가 완성된다.

▶▶ 연월 단위의 4D 시뮬레이션

BIM 소프트웨어다운 것은 모델상의 건물 등에 각각 속성정보를 붙이는 것이 가능한 것이다. 건물에 해체 시기나 준공 시기 등 시간의 속성을 붙이고 어느 때의 상태인지를 나타내는 표시 연월을 바꾸면 모델상에서

오래된 건물에서 새로운 시설로 점점 바뀌어가는 모습이 순간 캡처 애니메이션 동영상처럼 볼 수 있다.

다른 BIM 소프트웨어나 CAD, GIS 등의 소프트웨어로 만든 건물 등 모델 데이터도 읽어 들인다. 건물의 BIM 모델을 읽어 들여 배치하면 그 속을 워크스루하는 것도 가능하다.

▶▶ 피재지의 부흥 계획 만들기에도 활약

2011년 3월 동일본 대지진으로 발생한 거대 지진해일에 의해 중심가가 괴멸적인 피해를 받은 이와테현岩手県 오쓰치마치大槌町에서는 InfrasWorks를 사용하여 부흥 계획을 3차원 모델화하였다. 부흥 계획안을 3D 모델화한 것은 '이와테岩手 디지털 엔지니어 육성 센터'(이와테현 기타카미北上시)이다.

지도상에 피난 도로나 주택지, 방조제 등의 인프라 시설을 그리는 것만으로는 일반 사람은 알기 어려운 면이 있었다. 그러나 3차원 모델로 함으로써 '시내에서 바다를 볼 수 있는지'라고 하는 세심한 점도 포함하여 부흥 후의 시내가 어떠한 이미지로 될 것인지를 누구라도 알 수 있게 되었다.

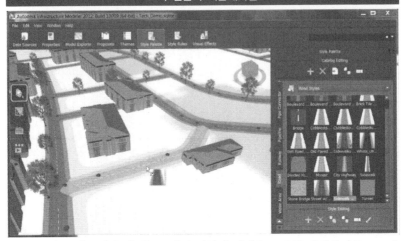

도로를 만들 때는 우측의 메뉴로부터 상상에 가까운 도로를 선택하여 Drag and Drop한다.

자료 제공: Autodesk 주식회사

2012년 2월 시점의 오쓰치마치大槌町시가지(좌)와 부흥계획을 InfraWorks로 3차원 모델화한 것

자료 제공: 이와테岩手 디지털 엔지니어 육성 센터

객석에서 무대를 보기 쉬운 정도를 BIM으로 해석

수천 명을 수용하는 극장을 설계할 때 각각의 좌석으로부터 앞쪽 관객의 머리나 난간 등으로 인해 무대를 어떻게 볼 수 있을지를 확인하는 것은 매우 중요한 작업이다.

그래서 타이세이大成건설은 BIM으로 설계된 좌석 배치를 '가시화율'이라고 하는 방법을 사용하여 평가하는 시스템을 개발하였다. 가시화율이란 좌석으로 무대를 얼마큼 볼 수 있는지를 수치화한 것이다. 좌석이나 난간 등에 가려져 전혀 볼 수 없는 상태를 0%, 완전히 볼 수 있는 상태를 100%로 한다.

BIM 모델을 사용하여 각 좌석에서의 가시화율을 해석함으로써 '보기 쉬운 좌석'이 극장 내에 어떻게 나열되어 있는 지를 일목요연하게 알 수 있다. 이 방법을 사용하면 수천 명 규모의 큰 홀에서도 가시화율의 해석으로부터 결과의 표시까지를 1케이스에 약 30분이면 완료할 수 있다.

BIM을 사용하여 관객 한 사람 한 사람의 만족도를 추구하는 서비스는 진심이 담겨 있어서 좋을 것이다.

가시화율(%)

전혀 볼 수 없음　절반 볼 수 있음　전부 볼 수 있음

0　10　20　30　40　50　60　70　80　90　100

전체 좌석의 가시율(무대 측에서 본 투시도)

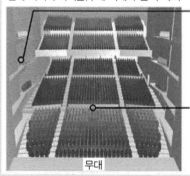

무대

발코니에 의해 볼 수 없는 자리

무대

난간

발코니

다른 관객에 의해 볼 수 없는 자리

무대

좌석 수 1,500개인 극장의 사례. 좌석으로부터 무대까지의 조망에 대한 가시화율 해석의 결과

자료 제공: 타이세이大成건설 주식회사

제 **7** 장

BIM과 연계하는 기술

BIM은 가상현실나 확장 현실감, 알고리즘 설계 등의 기술과 연계함으로써 설계 자유도나 표현력이 한층 높아져 프레젠테이션의 폭이 넓어진다.

또 대규모 건물이나 의장·구조·설비를 통합한 BIM 모델의 해석이나 정보 공유를 원활히 하기 위해 고성능 컴퓨터를 사용한 클라우드 컴퓨팅 기술과 BIM과의 연계도 진행하고 있다.

현실 공간에 있는 기존의 건물이나 지형, 거리 등의 3차원 형상을 고정밀도로 BIM 소프트웨어에 도입한 점군 데이터, 복잡한 열유체해석을 원터치로 시행하기 위한 공조 해석용 BIM parts의 이용도 진행 중에 있다. BIM은 한층 더 스마트 하우스의 설계에도 활용할 수 있다.

7-1

IFC

국제적인 BIM 데이터 교환 표준

건물의 3차원 형상과 속성정보의 양쪽 데이터를 다른 BIM 소프트웨어 사이에서 주고받기 위한 데이터 교환 포맷이 'IFC 형식'이다. 이 형식을 사용하면 개별 소프트웨어 사이에서 일일이 데이터 교환 기능을 개발할 필요가 없어 효율적이다.

▶▶ 국제적인 BIM 표준 단체 'building SMART'가 개발

BIM 데이터의 표준 규격 'IFC^{Industry Foundaton Classes}'는 비영리 국제조직 'building SMART^{(구) IAI}'가 개발하였다. IFC 형식을 사용하면 건물의 3차원 형상뿐만 아니라 속성정보도 포함하여 다른 BIM 소프트웨어 사이에서 데이터를 주고받을 수 있다. IFC 형식을 사용하면 각 소프트웨어 사이에서 개별적으로 데이터 교환 기능을 개발할 필요가 없고 IFC 형식과의 교환 기능만 개발하면 되므로 효율적이다.

▶▶ 의장 설계용 BIM 소프트웨어는 대부분 탑재

의장 설계용 BIM 소프트웨어를 비롯하여 설비 설계나 시공도 작성, 에너지해석, 유체해석 등을 하는 소프트웨어에도 IFC의 입출력 기능을 갖춘 제품이 늘어나고 있다. 그 결과 건물의 BIM 모델을 에너지해석 소프트웨어나 유체해석 소프트웨어에 읽어 들여 다양한 시뮬레이션을 할 수 있게 되었다.

BIM 소프트웨어 판매자 중에는 IFC형식에 의한 데이터 교환에 의해서 타사의 소프트웨어도 적극적으로 연계하는 'Open BIM'의 전략을 취하고 있는 회사도 있다.

▶▶ 과제는 호환성의 향상

IFC 형식의 과제는 호환성의 향상이다. BIM 소프트웨어의 IFC기능에는 커버 범위 등에 미묘한 차이가 있으며 데이터 교환 시에 속성정보 등이 일부 누락된 것이 있다. 또 설비 설계, 구조해석 등의 BIM 소프트웨어에서는 업무 처리에 필요한 데이터의 항목이 IFC 형식으로 준비되어 있지 않은 경우도 있다. 각 소프트웨어 사이에서 약정을 하여 IFC 형식을 일부 확장하여 데이터를 교환하는 것도 시행되고 있다.

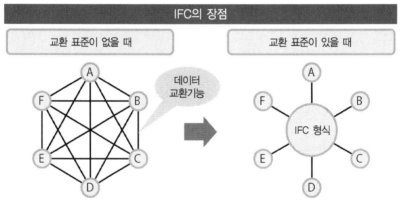

개별 소프트웨어 사이에서 많은 데이터 교환 기능을 개발하지 않으면 안 된다.

각 소프트웨어는 IFC 형식의 읽고 쓰는 기능만 개발하면 되므로 효율적이다.

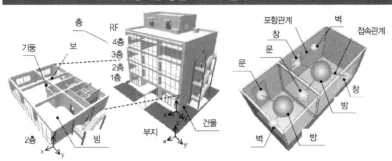

IFC가 정의한 공간 요소와 건축 요소의 예

형상(2D, 3D, 토폴로지topology)
건물요소 간의 관계(개구, 영역zone…)
건물요소(벽, 문, 창, 지붕, 계단…)
공간과 공간의 구조(방, 층, 건물, 부지)
기기(냉동기, 송풍기, 펌프…)
중심선
공정(태스크, 스케줄) ※4D
비용(단가, 리소스 정보) ※5D

Actors(인간, 조직, 주소…)
지시서(설계 변경, 구입 지시, 이동…)
자산대장, 재고
보수이력 ※FM
배치관리
분류코드(DIN, BS, JIS 등의 코드를 격납)
외부 라이브러리·문서(URL, URI)

자료 제공: 일반사단법인 buildingSMART Japan

가상현실

3D, 움직임, 소리로 완성된 건물을 체감한다

3차원 영상이나 움직임, 소리 등으로 가상의 공간을 재현하는 가상현실VR, Virtual Reality 소프트웨어에 BIM 모델을 가져오면 완성 후의 건물이나 도시, 생활 등의 모습을 누구라도 리얼하게 체험할 수 있다. 설계 단계에서의 의사 결정이나 합의 형성 등에 사용된다.

▶▶ BIM 모델을 영화처럼 본다

건물의 BIM 모델을 VR 소프트웨어로 가져와 사람이나 자동차, 수목 등의 움직임이나 자동차의 엔진소리나 음악 등을 더하면 영화와 같이 현장감 있게 BIM 모델의 건물을 볼 수 있다. BIM과 연계하여 사용할 수 있는 대표적인 VR 소프트웨어로는 Autodesk의 '3ds Max'나 Forum8의 'UC-win/Road', Syspro의 'Walkinside' 등이 있다. BIM 모델을 게임 엔진 'Unity' 대응 VR 시스템으로 변환하는 방법도 있다.

▶▶ 설계로부터 합의 형성, 설계 공모까지 폭넓은 용도

VR의 용도로는 건물의 스케일감의 확인이나 도시 만들기 계획 등의 합의 형성 그리고 설계 공모의 응모나 심사 등 폭넓은 활용 방법이 있다. 경관이나 붐비는 느낌, 신호의 알기 쉬움이나 조망 등을 알기 쉽게 되어 도시 만들기의 설명회에서도 이해도가 높아지거나 합의 형성이 신속히 이루어지기도 한다.

최근은 3D 소프트웨어로 작성한 설계 공모의 심사에도 사용되고 있다.

작품을 여러 각도에서 바라봄으로써 CG 투시도나 프레젠테이션 보드 등의 자료에서는 알 수 없었던 설계의 부정합성이나 문제점 등이 명확히 되는 효과가 있다.

▶▶ VR 고글이나 3D TV로 입체시

VR 고글이나 3D TV, 3D 안경을 사용하면 VR의 영상을 입체적으로 볼수 있으며 안길이나 높이, 건물로부터 느끼는 압박감 등을 한층 더 현실감 있게 체감할 수 있다. 3D 영상을 실물 크기로 투영하여 검토할 수 있는 VR 시스템도 사용되고 있다.

가상현실(VR)

VR 고글(좌)로 시공 BIM 모델(우)를 보고 시공 순서 등을 확인한 예

자료 제공: 주식회사 오쿠무라구미奥村組

VR에 의한 심사가 도입된 Forum8 주최 설계 공모 '학생 BIM이나 VR 디자인
Contest on Cloud'

자료 제공: 이에이리료유타家入龍太

3D 안경(좌)과 3D TV(우)로 VR 작품을 감상한 예

자료 제공: 이에이리료유타家入龍太

7-3

확장 현실감

BIM 모델을 현실 공간과 융합

확장 현실감AR, augmented reality이란 컴퓨터로서 만든 가상적인 3차원 모델을 현실 공간의 영상과 합성시켜 표시하는 기술이다. BIM 모델도 손바닥이나 테이블 위 그리고 실제 부지 위에 표시하여 볼 수 있다.

▶▶ 현실 공간에 BIM 모델을 표시

확장 현실감이란 현실 공간과 가상의 BIM 모델을 컴퓨터 속에서 합성하여 표시하는 기술이다. 시점을 바꾸면 현실 공간과 BIM 모델이 연동하여 움직인다. AR을 보는 장치로는 스마트폰이나 태블릿 외에 AR 고글 등이 사용된다.

현실 공간과 가상 모델을 연결하는 것은 타깃이라고 하는 표식이다. 현실 공간과 BIM 모델에 각각 동일한 타깃을 두고 AR의 화면에서는 양쪽의 타깃이 겹치도록 화상을 합성한다. 예를 들어, 타깃을 손바닥에 올려놓고 회전시키거나 기울이면 BIM 모델도 연동하여 움직인다.

▶▶ 설계로부터 영업, 유지관리까지

AR은 폭넓은 업무에서 활용할 수 있다. 예를 들어, 손바닥이나 테이블 위에 타깃을 두면 BIM 모델을 모형 대신 사용할 수 있다. BIM 소프트웨어를 조작할 필요는 없고 타깃의 종이를 움직이면 되므로 일반 시공주 자신이 참가하여 건물의 디자인이나 설계를 확인할 수 있다.

또 공사 현장에서는 시공된 배관이나 덕트, 배선 등의 부재를 볼 수 있으므로 공사 회사끼리의 공정 확인이나 시공 순서의 조정 등에 도움이 된다.

 이 밖에 지중에 매설되어 있는 가스관이나 수도관 등을 BIM 모델로 만들어 타깃 대신에 GPS 등의 위치 정보를 이용하면 지중을 투시하는 것처럼 가스관 등의 위치를 보는 것도 가능하다. 이와 같은 AR은 유지관리 업무를 혁신하는 기술로서 기대되고 있다.

AR(확장 현실감)의 구조

현실공간	BIM 모델	AR의 화면

손바닥에 둔 타깃   BIM 모델상에도 가상적인   현실과 가상의 타깃이 겹
                           타깃을 둔다.   치도록 표시된다.

AR 고글을 끼고 아무것도 없는 판을 보면(좌) 건물이나 크레인의 BIM 모델이
겹쳐져 보인다(우).

좌측 사진 제공: 이에이리 료우타家入龍太, 우측 자료 제공: SB C&S 주식회사

AR 고글을 끼고 현장을 보면(좌) 배관이나 덕트의 BIM 모델이 겹쳐져 보이므로
(우) 시공 순서의 확인 등에 도움이 된다.

좌측 사진 제공: 이에이리 료우타家入龍太,
우측 자료 제공: 주식회사 코노이케구미鴻池組, 주식회사 Informatics

7-4

알고리즘 설계

인간으로는 불가능한 디자인을 산출한다

수식이나 계산 순서를 나타낸 알고리즘에 의해 컴퓨터에 의해서 인간으로는 불가능한 디자인을 산출하는 수법이 '알고리즘 설계algorithmic design'이다. 건물의 복잡한 곡면 형상이나 랜덤한 부재 배치 등의 설계에 사용되고 있다.

▶▶ 규칙에 근거한 디자인을 실현

알고리즘 설계는 단순한 '흐물흐물한 형태'나 '랜덤한 형태'와는 달리 형태를 만들어가기 위한 어떤 정해진 규칙이나 절차에 의해서 정의된 알고리즘에 근거하여 만들어진 형태이다. 그 때문에 자연계의 법칙이나 물리 현상, 생물 환경 등에 조화하는 형태를 추구할 수 있음과 동시에 컴퓨터가 아니면 만들 수 없는 참신한 디자인을 산출할 수 있다.

그 주요 용도에는 생물적으로 형태나 크기가 갖추어지지 않은 외장재를 디자인하는 의장 설계면에서의 활용이 있다. 또 복잡한 곡면으로 이루어진 건물의 커튼월을 설계할 때 가능한 한 동일한 크기·형태의 창유리로서 건물을 덮기 위해 각 유리창의 위치나 부착 금구의 형태를 수식으로 결정하는 것도 가능하다.

▶▶ BIM 소프트웨어와 연계한 알고리즘 설계 도구

알고리즘 설계에 의해서 건물 외관 등의 디자인에 사용할 수 있는 소프트웨어로서는 'Rhinoceros'라고 하는 자유 곡면을 디자인하는 3차원 도구와 건축계 알고리즘 생성용 플러그인 소프트웨어 'Grasshopper'를 조합시킨 것이 일반적이다.

또 BIM 소프트웨어와 연계한 알고리즘 설계 도구에는 'Revit'에는 'Dynamo', 'ARCHICAD'에는 Grasshopper/Rhinoceros와 쌍방향으로 연계한 'Grasshopper-ARCHICAD Live Connection'이라고 하는 도구가 있다. 이 밖에 'MicroStation'에는 'GenerativeComponents', 'Vectorworks'에는 'Marionette'라고 하는 도구가 준비되어 있다.

알고리즘 설계의 예

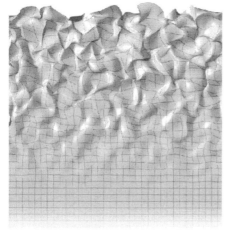 

좌측은 하버드대학 Kostas Terzidis 조교수의 저서 'Algorithmic Architecture'의 표지에 사용된 화상, 우측은 알고리즘 배열을 사용하여 구조가 조립된 유리의 파빌리온

자료 제공: (좌)kostas Terzidis, (우)이케다 야스시池田靖史/IKEDS·케이오기주쿠慶應義塾대학

쇼가쿠칸^{小学館} 진보초^{神保町} 3-3 빌딩. 알고리즘 설계와 디지털 패브리케이션을 이용하여 20만 개의 구멍을 제어하여 바람의 힘으로 흔들리는 파사드^{façade}를 갖추었다.

건축 설계: 닛켄^{日建}설계(야마나시토모히코^{山梨知彦}, 테라시마카즈요시^{寺島和義}, 오키슈우지^{沖周治}, 테라우카다쿠^{寺岡拓}, 이케다쇼오이치^{池田昭一})

※ 나뭇잎 사이로 비치는 햇빛 프로그램: AnS 스튜디오(츠카사타케나카^{竹中司}, 오카베아야^{岡部文})

자료 제공: 마쓰시마^{松島}건축도시설계연구소
※ CG 제작: Elton Hala

7-5

유체해석용 CFD parts

어려운 기류해석을 원터치화한다

건물의 공조 성능을 확인하는 열유체해석CFD에서는 공조기기나 공조의 송풍구에서의 기류 방향이나 속도, 압력 등을 세밀히 설정할 필요가 있다. 이러한 성가신 작업을 원터치로 할 수 있도록 CFD parts화 연구가 진행되고 있다.

▶▶ CFD 해석용에 공조기기를 'parts화'

공조나 환기에 의해서 생기는 건물 내부의 기류를 3차원으로 시뮬레이션하는 CFD 해석은 지금까지 대학이나 연구소 등의 전문가가 시행하는 것이 보통이었다. 방을 3차원으로 모델화하여 에어컨이나 공조의 송풍구 등을 배치함과 동시에 각각의 기기로부터 송풍하는 기류의 방향이나 속도, 압력, 온도 등 다수의 데이터를 입력할 필요가 있었기 때문이다.

지금까지 난해하였던 CFD 해석을 의장 설계자도 손쉽게 할 수 있게 하기 위해 공조 조화·위생 공학회의 환기설비위원회 BIM·CFD parts화 소위원회에서는 2010년부터 송풍구 등의 parts화 기준 책정 작업을 진행하였다. 그 성과는 동 소위원회의 웹사이트에서 공개되어 있다.

송풍구 등의 parts에는 CFD 해석에 필요한 데이터가 이미 입력되어 있다. CFD 소프트웨어상에서 건물 모델 내에 두는 것만으로 세밀한 데이터의 설정 없이 간단히 CFD 해석을 할 수 있게 되었다.

이 parts화 작업에는 BIM 소프트웨어 판매자나 CFD 소프트웨어 판매자 그리고 사용자가 참가하였다.

의장 설계용 BIM 소프트웨어 측은 열관류율 등 공조 설계용 데이터를 입력한 건물 모델을 만들어 CFD 해석용 데이터로서 뽑아 쓰는 기능의 개발을 하고 있다. 한편 CFD 소프트웨어 측은 공조기기 parts의 공통 규격을 XML 형식으로 작성하여 다른 판매자의 소프트웨어 사이에서 동일하게 사용할 수 있도록 개발을 하고 있다.

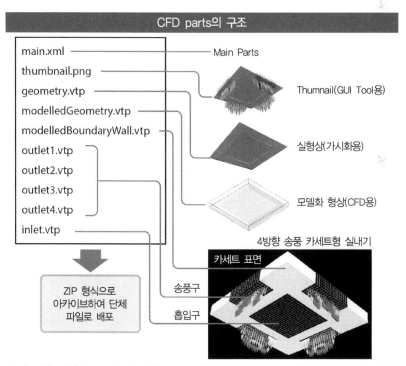

출전: 이마노마사시今野雅, 공조기기의 CFD parts의 개발과 현상, 공조조화·위생공학회 심포지엄 '환기설계를 위한 CFD 활용과 BIM과의 연계', 2011.11.

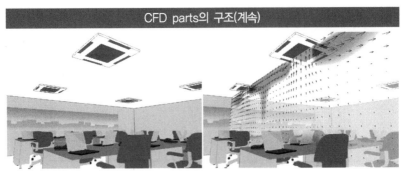

CFD parts의 구조(계속)

실내의 모델에 CFD parts를 배치한 것(좌), 해석 결과(우)

자료 제공: 주식회사 Advanced Knowledge 연구소

7-6

클라우드 컴퓨팅

고성능 서버에 해석을 의뢰한다

클라우드 컴퓨팅cloud computing이란 인터넷상의 고성능 서버에서 복잡한 계산처리를 하여 그 결과를 자신의 PC로 되돌려 받는 서비스이다. BIM에서는 다양한 해석이나 렌더링rendering, 대용량 데이터 보관 등에 사용되고 있다.

▶▶ 고성능 서버에서 해석

클라우드 컴퓨팅이란 '클라우드'로 상징되는 인터넷상의 어딘가에 있는 서버에 사용자가 구조해석이나 에너지해석, 렌더링 처리 등을 의뢰하고 그 계산 결과 등을 되돌려 받는 서비스이다.

예를 들어, 건물의 고화질 렌더링을 클라우드 컴퓨팅으로 하고 싶은 경우, 사용자는 건물의 BIM 모델을 클라우드상의 서버에 업로드한다. 그렇게 하면 서버가 렌더링을 개시하여 처리가 끝나면 메일이나 메시지 등으로 알려줌과 동시에 렌더링된 화상을 사용자에게 되돌려주는 것이다.

▶▶ 저스펙의 PC로도 고도한 계산

클라우드 컴퓨팅의 특징은 최신 고성능 서버와 소프트웨어를 필요할 때 필요한 만큼 사용할 수 있는 것이다. 그 때문에 사용자 측은 저스펙의 PC와 인터넷 브라우저 등이 있으면 슈퍼컴퓨터 못지않은 높은 계산 처리 기능을 이용할 수 있다. PC 외에 휴대 단말기나 스마트폰 등에서도 이용할 수 있다.

또 렌더링이나 해석을 클라우드에서 실행하고 있는 사이에도 사용자는 주변의 PC에서 설계 작업 등을 계속할 수 있으므로 계산이 끝날 때까지 PC를 사용할 수 없는 시간적 낭비가 없다.

이 밖에 인터넷을 통하여 세계 속 어디에서도 이용할 수 있는 특징을 활용하여 설계 데이터 등의 정보 공유에도 효과적으로 사용할 수 있다.

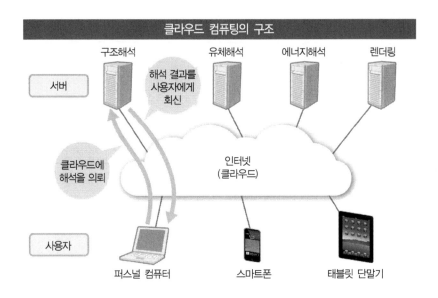

BIM용 클라우드 서비스의 예	
화상처리	고화질 렌더링 등

- Cloud rendering(Autodesk)

프레젠테이션	스마트폰, 휴대 단말기 등에서의 프레젠테이션

- Autodesk Design Review(Autodesk)
- BIMx(Graphisoft Japan)
- ARCHI Box(후쿠이福#컴퓨터 아키텍트)

해석	에너지해석, 구조해석, 유체해석 등

- Energy Optimization for Revit, Structural Analysis for Autodesk Revit 등(Autodesk)
- 슈퍼컴퓨터클라우드(Forum8)

가상현실	가상현실

- Revit Live(Autodesk)
- GLOOBE VR(후쿠이福#컴퓨터 아키텍트)
- VR-Cloud서비스(Forum8)

데이터 공유	BIM 모델 데이터의 공유 등

- BIM 360 Docs(Autodesk)
- BIMcloud(Graphisoft Japan)

7-7

점군 데이터

기존 건물의 3D 형상을 무수한 점으로 측량한다

'점군點群' 이란 건물이나 설비 기기 등의 표면 형상을 수 센티미터 간격으로 고정 밀도로 계측한 3차원 좌표 점 데이터의 집합체이다. 이 점군을 BIM 소프트웨어에 읽어 들이면 기존 건물의 BIM 모델화나 도면 작성, 증축 설계 등을 할 수 있다.

▶▶ 무수한 점군으로 기존 건물을 표현

3D 레이저 스캐너라고 하는 측량기기는 건물이나 설비기기 등의 표면에 수 센티미터 간격으로 매초 수만~수백만 회의 레이저 광선을 쏘아 그 3차원 좌표를 고정도로 계측하는 것이다. 계측된 표면 형상은 수백만~수억 점의 3차원 좌표 점으로 이루어진 '점군'이라고 하는 데이터가 된다.

이 점군을 소프트웨어상에서 보면 마치 건물의 형태가 구름처럼 보이므로 포인트 클라우드point cloud라고도 부른다.

▶▶ 다양한 각도에서 계측된 점군을 합성

카메라와 마찬가지로 3D 레이저 스캐너는 내다볼 수 있는 곳에 있는 것밖에 측정할 수 없다. 하나의 건물을 계측할 때는 3D 스캐너의 위치를 바꾸면서 사각이 생기지 않도록 여러 각도에서 건물을 계측한다. 그 후 여러 개의 점군 데이터를 하나로 합성함으로써 건물 전체의 점군 데이터를 만든다.

▶▶ BIM 소프트웨어에서의 점군 데이터 활용

최근 BIM 소프트웨어는 대용량의 점군 데이터를 읽어 들여 입체적으로 트레이스함으로써 BIM 모델화하거나 기존 건물이나 설비의 점군과 간섭하지 않도록 증축하는 건물이나 설비를 설계할 수 있는 것이 많아졌다. 또 점군으로부터 건물이나 설비의 3D 모델을 자동적으로 작성하는 소프트웨어도 개발되어 있다.

도면이 남겨져 있지 않은 건물에서도 점군 데이터를 건물의 정면이나 측면으로 향하여 투영하여 트레이스함으로써 현황 도면을 만들 수 있다.

점군 데이터

사원의 복잡한 형상을 계측한 점군 데이터

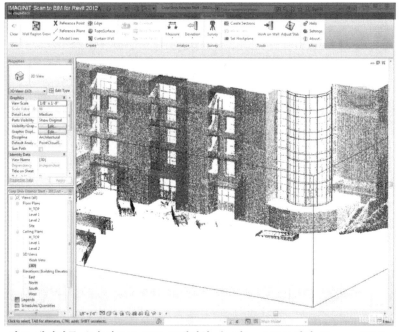

점군 데이터(계속)

3D 레이저 스캐너에 의한 계측작업(좌)과 점군으로부터 작성된 CAD 도면(우)

사진·자료 제공: 오오우라코우소쿠大浦工測 주식회사

점군 데이터를 효율적으로 BIM 모델화할 수 있는 소프트웨어 'Scan to BIM'

자료 제공: IMAGINIT Technologies

7-8

BEMS와 HEMS

건물의 에너지 활용을 최적화한다

BEMS빌딩 에너지 관리 시스템란 건물 내의 전력 등 에너지의 흐름을 최적으로 제어하는 시스템이다. 시각에 따라서 상용 전력이나 태양광 발전, 축전지의 충방전 등을 구분해서 사용하여 에너지 절약이나 소비 전력의 피크치 절감 등을 한다.

▶▶ BEMS란

BEMSBuilding Energy Management System란 빌딩 내의 전력 에너지의 출입을 가시화하여 일조 조건이나 시각에 따라서 최적인 전원을 구분하여 사용함으로써 에너지 절약을 도모하는 시스템이다. 전력 피크 시에 상용 전력의 사용을 삼가는 '피크컷peak cut'이나 야간 전력의 활용에 의한 비용 절감 등도 할 수 있다.

▶▶ '에너지 절약', '에너지 창출', '에너지 비축'을 관리

BEMS가 관리하는 것은 건물이 전력회사로부터 구입하는 상용 전력 외에, 태양광 발전 패널이나 풍력발전 장치, 연료 전지나 가스 엔진 등에 의해서 자가발전하는 '에너지 창출'의 전력, 빌딩용 축전지나 전기자동차EV의 배터리 등을 사용하여 전기를 모으는 '에너지 비축'의 전력 그리고 건물 내의 공조나 조명, 엘리베이터 등에서 사용하는 전력이다.

전력 외에 가스나 수도 사용량도 관리하는 시스템, 시큐러티 시스템과 연동하는 BABuilding Automation나 떨어진 장소에 있는 여러 개의 빌딩의 전력을 종합하여 관리할 수 있는 시스템 등도 있다.

▶▶ 주택용은 HEMS, 아파트용은 MEMS

BEMS와 마찬가지로 주택 내의 전력 에너지의 출입을 감시하고 시각에 따라서 최적으로 구별하여 사용하는 시스템을 HEMS^{Home Energy Management System}라 한다. 아파트용 시스템을 특히 MEMS^{Mansion Energy Management System}라 부르는 경우도 있다.

▶▶ BEMS와 BIM의 연계

건물의 BIM 모델을 유지관리 업무에 이용할 때 건물 각 부재의 '정적'인 정보뿐만 아니라 BEMS가 수집한 각 설비 기기의 운전 상황이나 각 방의 소비 전력 등을 BIM 모델상에 표시함으로써 '동적'인 건물 정보도 관리할 수 있다.

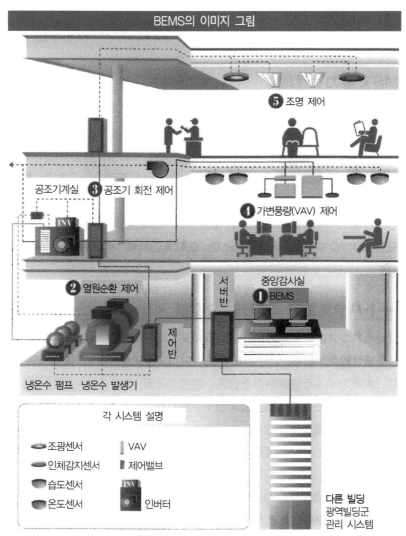

BEMS의 이미지 그림

❺ 조명 제어

공조기계실 ❸ 공조기 회전 제어

❹ 가변풍량(VAV) 제어

❷ 열원순환 제어

서버반

중앙감시실
❶ BEMS

제어반

냉온수 펌프 냉온수 발생기

각 시스템 설명

- 조광센서   VAV
- 인체감지센서   제어밸브
- 습도센서
- 온도센서   인버터

다른 빌딩
광역빌딩군
관리 시스템

자료 제공: IB Technos 주식회사

7-9

스마트 하우스

주택 내의 가전 설비를 IT로 제어한다

스마트 하우스Smart House란 주택 내의 가전제품이나 설비를 네트워크로 연결하여 주택용 에너지 관리 시스템에 의해서 에너지 소비를 최적으로 제어하는 주택을 가리킨다. BIM을 활용함으로써 에너지 절약, 에너지 창출 성능이 보다 높은 설계를 할 수 있다.

▶▶ HEMS로 전력을 관리

스마트 하우스의 키워드에는 전기를 만드는 '에너지 창출', 전기를 모으는 '에너지 비축', 전력을 절약하는 '에너지 절약'과 전력의 흐름을 알기 쉽게 하는 가시화가 있다.

각각의 가전 설비에는 센서가 부착되어 있어 가동 상태나 소비 전력 등을 HEMS(주택 에너지 관리 시스템)로 일원 관리함으로써 전원과 소비 전력을 최적으로 제어할 수 있다.

주택 내의 표시 패널이나 가정 내 LAN을 통하여 태양광 발전의 발전 상황이나 주택 내의 소비 전력을 알기 쉽게 표시함으로써 거주자의 절전에 대한 관심을 높이도록 하고 있다.

▶▶ 스마트 하우스 설계에서의 BIM의 역할

스마트 하우스의 에너지 절약 성능을 최대한으로 높이기 위해서는 주택 자체의 수동적인 환경 성능을 높이는 것이 필요하다. 여기에서 BIM이 큰 효과를 발휘한다.

예를 들어, 태양광에 의한 공조 부하를 억제하고, 자연광을 최대한으로 이용할 수 있도록 건물의 방향이나 창의 크기를 결정한다. 에너지해석을 하여 각 부분의 단열재 두께를 최적으로 결정한다. 통풍 시뮬레이션에 의해서 자연환기 성능이 높은 창이나 방 배치 등을 결정하는 설계 방법을 이용함으로써 환경 성능이 우수한 주택을 설계할 수 있다.

또 태양광 발전 패널의 발전량을 최대화하기 위해 일조 시뮬레이션으로 지붕의 형태나 방향, 경사각 등을 검토하는 것도 가능하다. 이것에 HEMS에 의한 전력의 최적 제어를 조합시킴으로써 고도한 에너지 절약을 실현할 수 있다.

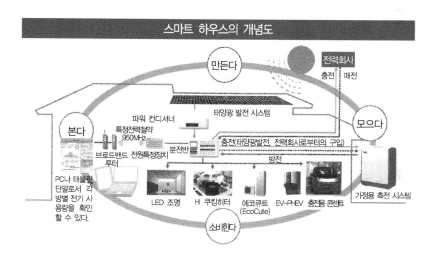

자연환기가 되기 쉽도록 하기 위해서는 BIM의 통풍 시뮬레이션이 효과적이다.

차양이나 수목을 활용하여 여름은 태양광을 차단하고 겨울은 실내로 유도한다
(좌). 채광창으로부터 빛을 각 실로 유도하여 자연광을 이용한다(우).

자료 제공: 주식회사 Yamada Homes

COLUMN 스마트 하우스의 전문 자격 '스마트 마스터'

가전제품협회는 스마트 하우스의 스페셜리스트 자격으로 2016년에 '스마트 마스터'라고 하는 새로운 인정 자격을 신설하였다. 그 역할은 가전이나 HEMS^{주택용}에너지 관리 시스템 등의 설비를 판매하는 측에서 소비자로부터의 상담을 받아 정리하여 스마트 하우스 플랜 작성이나 상품 선택의 어드바이스를 하는 것이다.

그 때문에 자격시험의 과목도 '스마트 하우스의 기초'와 '가전제품'이 동일한 비중으로 다루어지고 있으며 각각 140점 이상을 얻는 것이 요구되고 있다. 스마트 하우스의 기초는 외단열이나 내단열, 패시브 디자인과 액티브 디자인이라는 이론 면에서부터 JIS에서 정해진 조리대의 표준적인 높이 등 건자재 제품의 구체적인 것까지가 출제된다.

또 가전제품에 대해서는 에너지 절약, 에너지 창출, 에너지 비축 기기는 물론 지상 디지털 방송이나 위성 방송의 TV 기술이나 의료·간호 로봇, 로봇 청소기의 청소 행동 패턴 등 최신 가전 지식이 요구된다. 게다가 접객 시의 말투라고 하는 실천적인 내용도 포함되어 있다.

출제되는 범위는 상당히 압축되어 있는 느낌이라서 과거 문제를 중심으로 공략하면 합격은 그다지 어렵지 않을 것이다.

필자가 취득한 스마트 마스터 자격증

제 8 장

BIM과 연계하는 기기

BIM 모델의 데이터는 다양한 기기와 연계함으로써 폭넓은 용도에서의 활용이 가능해진다. 예를 들어, 3D 프린터나 레이저 커터, CNC 루터 등의 공작기계와 연계함으로써 BIM 모델대로의 입체 모형이나 판재의 절단·조각 등을 자동으로 할 수 있다.

또 BIM 모델을 드라이브 시뮬레이터에 연계함으로써 설계된 도로나 주차장 등의 출입 용이성이나 운전석으로부터의 시계를 확인하는 것이 가능해진다.

이 밖에 스마트폰이나 태블릿 단말로 BIM 모델을 이용함으로써 BIM 모델을 손쉽게 들고 다니면서 프레젠테이션할 수 있는 것 외에 시공주 자신이 BIM 모델을 가지고 워크스루하면서 꼼꼼히 설계 내용을 검토하는 데 사용할 수도 있다.

8-1

3D 프린터

BIM 모델로서 입체 모형을 조형한다

3D 프린터는 BIM 모델의 데이터로부터 입체 모형을 조형하는 기계이다. 곡선이나 곡면을 사용한 자유로운 디자인의 모형도 쉽게 만들 수 있다. 착색 완료한모형이 만들어지는 3D 프린터도 있다.

▶▶ 모형의 단면을 얇게 쌓아 올림

3D 프린터란 모형을 두께 0.1~0.2mm 정도의 얇게 슬라이스한 단면을 따라 재료를 얇게 프린트하여 쌓아 올리면서 입체 모형을 만드는 기계이다. 조형용 데이터로서는 STL 형식 등이 자주 사용되고 있다.

기종에 따라서 조형에 사용할 수 있는 재료는 플라스틱이나 고무, 석고모양의 분말, 또 엔지니어링 플라스틱이나 탄소섬유 강화 플라스틱, 금속까지가 있다. 그중에는 착색 완료 모형을 만들 수 있는 기종이나 여러개의 재료를 혼합하면서 조형할 수 있는 기종 등도 있다. 가격은 수만~수십만 엔의 가정용으로부터 수백만 엔의 전문가용까지 다양한 기종이 시판되고 있다.

▶▶ 대표적인 조형 방법

조형 재료로 플라스틱을 사용하는 기종은 플라스틱을 열로 녹여 프린터헤드로부터 모형의 단면을 따라 얇게 쌓아 올린다. 공동이나 허공에 뜨는부분에는 서포트재라고 하는 별도의 재료를 쌓아 올리고 조형을 완료한후에 철거한다.

분말 재료를 사용하는 기종은 우선 분말 재료를 얇고 평평하게 깔고 그 위에서 바인더를 모형의 단면을 따라 뿜어 붙여 굳힌다. 이 작업을 반복하여 마지막으로 굳어져 있지 않은 분말을 철거하면 모형이 생긴다.

조형 개소에 따라서 여러 종류의 잉크를 바인더에 혼합시킴으로써 착색 완료 모형을 만들 수 있는 기종도 있다.

각 프린터는 가로, 세로, 높이로서 정해지는 조형 범위가 결정되어 있어 큰 모형을 만들고 싶을 때는 분할하여 조형한 후 나중에 조립하는 방법을 사용할 수 있다.

건물의 BIM 모델과 3D 프린터로 만든 건축 모형

자료 제공: Megasoft 주식회사(3DCG 작성 소프트웨어 '3D Archi Designer' 외)

ABS 수지나 PLA 재료로 조형한 'F123' 시리즈

자료 제공: 주식회사 Stratasys Japan

분말재료로 풀 컬러 조형하는 'ProJet 460 Plus'

출전: http://www.3dsystems.com/3d-printers/project-cjp-460plus

ABS/PLA로 30cm²까지 조형할 수 있는 'MF-2200D'

사진 제공: 무토武勝공업 주식회사

6만 엔대로 판매하는 'FLASHFORGE ADVENTURER3'. 15cm²까지 조형할 수 있다.

자료 제공: Apple Tree 주식회사

8-2

레이저 커터

복잡한 곡선도 거침없이 절단한다

레이저 커터란 가공 테이블 위에 놓인 목재나 아크릴판 등의 판재를 레이저 광선으로 절단하는 장치이다. 레이저 광선을 비추는 렌즈는 CAD 데이터 등으로 그린 선을 따라서 테이블 위를 가로 세로로 움직여 복잡한 곡선도 정확히 절단한다.

▶▶ 레이저 커터란

건축 모형 등의 제작에 이용되는 레이저 커터는 출력 수십 와트의 레이저광을 사용하는 것이 많고 가로 세로 수십 센티미터의 크기의 테이블에 보호용 커버가 부착된 것이 일반적이다. 레이저광의 출력을 약하게 하면 재료의 표면을 얇게 조각하는 것도 가능하다. CAD 데이터나 드로잉 소프트웨어 등으로 절단선이나 조각면을 그리고 그 데이터를 레이저 커터에 보내어 재료를 절단한다.

▶▶ 사용할 수 있는 재료

출력 수십 와트 정도의 레이저 커터는 목재나 아크릴판, 천, 가죽, 종이 등의 절단에 적합하며 일반적으로 금속판의 절단은 불가능한 것이 일반적이다. 한편 공장에서 사용하는 고출력이고 대형인 것은 강판도 절단할 수 있다.

절단면은 상당히 매끈하여 샌드페이퍼 마감 등이 대부분 필요 없을 정도이다. 레이저광을 파선 모양으로 비추게 하면 절취선 가공도 할 수 있다.

▶▶ 레이저 커터의 용도

건축 설계 분야에서는 건축 모형 작성에 자주 사용된다. BIM 소프트웨어로 설계된 3차원 건물 모델로부터 벽이나 지붕 등의 전개도를 만들고 절단이나 조각에 사용하는 부분만을 남긴 가공용 데이터로 한다. 가공용 데이터 형식은 기종에 따라서 다르지만 DXF, ai, eps, pdf 등이 사용된다.

이 밖에 사인용 문자나 로고 등의 오려내기, 건축 모형에 첨가하는 수목이나 인간, 자동차 등의 작은 부품을 잘라내기 등에도 사용할 수 있다.

레이저 커터

절단 중인 모습

개구부 등을 오려낸 재료

문자를 오려내어 만든 사인

출력을 바꾸어 조각한 예

아래 2점의 사진 제공: FabCafe Tokyo

8-3

CNC 루터

곡선을 가진 가구나 조각을 제작

CNC 루터Router란 가공 테이블 위에 올려둔 목재 등을 컴퓨터로 작성한 입체대로 깎아내는 공작기계이다. 복잡한 3차원 곡면 등을 자유자재로 깎아낼 수 있으므로 가구나 조각 등의 제작에 이용되고 있다.

▶▶ CNC 루터란

CNCComputer Numerical Control란 '컴퓨터 수치제어'를 의미한다. CNC 루터란 컴퓨터로 만든 디지털 데이터대로 재료를 깎아내는 공작기계이다. 테이블 위에 가공용 목재 등을 두고 그 위를 툴비트Tool Bit라 불리는 회전칼날 부착 베드가 컴퓨터로 설계된 3차원 형상으로 세로, 가로, 상하방향으로 움직이면서 재료를 절삭한다.

▶▶ 알고리즘 설계의 제작에

CNC 루터는 가구나 조각 등의 제작에 사용할 수 있다. 특히 위력을 발휘하는 것은 컴퓨터에 수식 등을 입력하여 형태를 만들어내는 '알고리즘 설계' 등의 복잡하고 불규칙한 곡면으로 이루어진 형상을 실제로 가공할 때이다.

툴비트의 직경보다도 작은 곡선은 가공할 수 없으므로 가공 장소에 따라서 직경이 따른 툴비트로 교체하는 것도 필요하다. 또 도려낸 모퉁이(내부 모서리)에는 전체 공구 반경 정도의 곡선이 생기게 된다. 직각으로 할 필요가 있는 경우는 정이나 줄 등을 사용하여 수작업으로 마감한다.

▶▶ CAD 데이터로부터 NC 가공 데이터로 변환

CNC 루터에 의한 가공을 도급받은 공장에서는 대표적인 2차원 CAD나 3차원 CAD, 3D 디자인 소프트웨어 등의 형식으로 데이터를 주고받으며 그것을 NC 프로그램으로 변환하여 가공하는 것이 일반적이다. 도면이나 데이터를 메일 등으로 보내고 가공한 것을 보내주는 것도 가능하다.

CNC 루터의 예

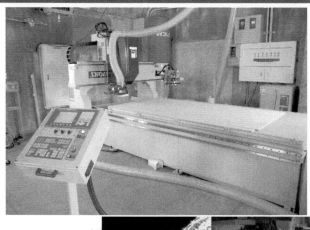

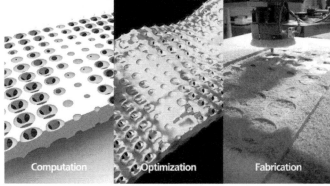

알고리즘 설계로 제작된 3D 모델(좌), 응력해석을 통해 구조를 최적화하여 가공 데이터를 작성(중), CNC 루터로서 자동 가공(우)

사진 제공: 타케나카츠카시竹中工務

CNC 루터의 예(계속)

완성된 조각 오브제

사진 제공: 이에이리 료우타家入龍太

8-4

3D 레이저 스캐너

입체 형상을 점군 데이터로 기록

3D 레이저 스캐너는 실물의 건물이나 도로, 지형 등의 표면 형상을 '점군'이라고 하는 3차원 좌표의 집합체로서 계측하는 측량 기기이다. 삼각대 등에 거치하여 사용하는 타입 외에 자동차나 비행기 등에 실어 이동하면서 사용하는 타입도 있다.

▶▶ 표면 형상을 무수한 점군으로 계측

3D 레이저 스캐너는 건물 등의 표면에 수 센티미터 간격으로 매초 수만~수백만 회의 레이저광을 비추어 그 표면의 위치를 '점군'이라고 하는 3차원 좌표의 집합체로서 계측하는 측량기기이다. 디지털 카메라와 연동하는 타입은 점군의 각 점에 그 위치에 따른 색을 붙일 수 있다.

▶▶ 거리를 통째로 점군화하는 MMS

3D 레이저 스캐너는 자동차에 실어 주행하면서 도로의 노면이나 주위의 거리를 계측하는 MMS^{Mobile Mapping System}, 비행기에 실어 지표나 건물 등을 광범위하게 3차원 계측하는 항공 레이저 측량 등 이동식인 것도 있다. 현재의 위치나 기울기 등을 측정하기 위해 GPS 수신기나 관성항법장치 등도 연동하는 구조로 되어 있다.

▶▶ 증개축이나 시공 시뮬레이션에도 활용

　점군 데이터의 용도로는 우선, 실제 건물의 형상을 컴퓨터에 입력하고 BIM 모델이나 도면을 작성하는 것이다. 도면이 남겨져 있지 않은 건물의 도면을 작성할 수 있으므로 증·개축 시에 편리하다.

　건설 현장의 주변을 둘러싸서 측정한 점군 데이터에는 인접한 건물의 형태나 시공 장해가 되는 전선 등도 상세히 기록되어 있다. 인접한 건물의 창을 고려한 설계나 시공 시의 중장비 진입이나 크레인 작업의 가능성 등의 시공 시뮬레이션에도 활용할 수 있다.

3D 레이저 스캐너

비행시간(time of flight)법
발사된 펄스레이저가 목표물에 반사하여 돌아오는 시간과 각도를 계산하여 거리를 집계하는 방법

계측 범위
360°×290°

계측속도
100만포인트/초(최대)

레이저를 비추어 레이저가 지형지물에 닿고 되돌아오기까지의 시간차로부터 산출되는 거리와 비춰지는 거울의 각도로부터 3차원 좌표(X·Y·Z)를 계산 취득한다.

레이저 스캐너의 원리

자료 제공: 주식회사 JAPACK's

3D 레이저 스캐너의 예

바닥 콘크리트 타설 전의 현장을 점군화
한 예

자료 제공: Ghafari

지붕에 3D 레이저 스캐너를 싣고 주행하면서 계측하는 MMS의 차량(좌). 동일본
대지진의 피재지를 점군화한 예(우)

자료 제공: AISAN TECHNOLOGY 주식회사

8-5

3D 레이저 프로젝터

레이저로 도면을 현장에 비춘다

3D 레이저 프로젝터란 BIM 소프트웨어나 3차원 CAD 등의 설계 정보를 현장의 바닥이나 벽면 등에 레이저 광선으로 '먹매김'을 하는 기기이다. 현장에 곡면이나 단차 등이 있어도 정확한 위치에 먹매김을 할 수 있다.

▶▶ BIM 모델 데이터를 현장에 투영

건물의 구체나 설비를 설계대로의 위치나 크기로 시공하거나 배치하기 위해서는 정확히 위치를 정하는 '먹매김'이라는 작업이 필요하다. 종이 도면을 토대로 먹매김 작업을 할 때 치수가 쓰여 있지 않은 부분은 스케일로서 측정하여 계산하는 등 아날로그적인 작업도 필요하게 된다.

이와 같이 애로가 많은 현장에서의 먹매김 작업을 한층 쉽게 해주는 것이 3D 레이저 프로젝터라고 하는 기기이다.

BIM이나 3차원 CAD 등으로 설계된 구체나 설비 등의 설계 데이터를 토대로 현장 내에서의 위치를 계산하여 굵기 0.5mm 정도의 레이저 광선을 현장에 비추어 바닥이나 벽 등에 실물 크기의 도면을 그리는 것이다. 정밀도는 프로젝터에서의 거리가 6m에서 0.5mm로 고정도이다.

▶▶ 칸막이벽의 배치나 배관의 부착에

3D 레이저 프로젝트는 바닥 위에 칸막이벽이나 창호를 배치하거나 3차원 공간 내에서 배관의 부착 위치를 결정하는 작업 용도로 사용할 수 있다. 독특한 용도로는 건물 옥상에 회사 로고나 전화번호 등을 그려 상공에서

볼 때 광고가 되도록 하는 사용 방법도 있다.

레이저광의 조사照射 거리 등에 따라서 다양한 3D 레이저 프로젝트가 있으므로 여러 가지 용도로 사용할 수 있다.

3D 레이저 프로젝트는 원래 제조업용으로 개발된 것으로서 기계에 부품을 용접할 때의 위치 결정 등에 사용되어왔다.

3D 레이저 프로젝터

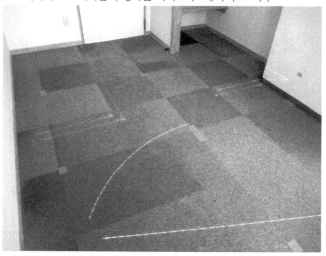

3D 레이저 프로젝터를 구성하는 기기 1식 레이저 조사부

바닥면에 조사된 평면 계획이나 창호 배치의 예

3D 레이저 프로젝터(계속)

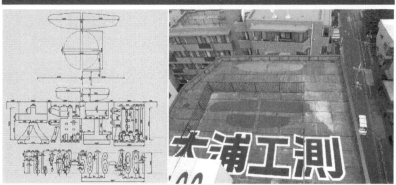

CAD로 작성된 회사 마크나 로고(좌)를 3D 레이저 프로젝터에 의해서 옥상에 표시를 하여 페인트칠한 예(우)

자료·사진 제공: 오오우라코소쿠大浦工測 주식회사

8-6

스마트폰과 휴대 단말

BIM 모델을 시공주 자신이 워크스루한다

스마트폰이나 휴대 단말 등으로 BIM 모델을 여러 가지 각도에서 보거나 워크스루할 수 있는 애플리케이션이 각 사로부터 무상으로 공개되어 있다. 이것을 사용하면 시공주에게 BIM 모델을 빌려주어 꼼꼼하게 설계 내용을 검토할 수 있게 할 수 있다.

▶▶ 스마트폰이나 태블릿 단말로 BIM 모델을 본다

iPad나 iPhone, Android 단말 등으로 BIM 모델을 빙글빙글 움직이며 여러 가지 각도나 시점에서 보거나 건물의 안팎을 가상적으로 돌아다니며 워크스루할 수 있는 애플리케이션이 BIM 판매 각 사에서 무상 공개하고 있다.

이러한 애플리케이션을 사용하면 BIM으로 설계된 건물을 손쉽게 프레젠테이션하거나 영업 활동에서 사용할 수 있는 것 외에 BIM 소프트웨어를 가지고 있지 않은 시공주에게 BIM 모델과 함께 단말을 빌려주어 설계 내용을 꼼꼼히 확인하게 할 수 있다.

휴대 단말에서 사용하는 데이터 형식은 BIM 모델의 오리지널 데이터는 아니며 휴대 단말용의 형식으로 변환한 것을 사용한다.

▶▶ 손가락 2개로 간단히 워크스루

예를 들어, Graphisoft의 'BIMx'는 'ARCHICAD'로 작성된 BIM 모델 데이터를 클라우드상의 서버에서 공유하여 태블릿 단말인 iPad나 스마트폰인 iPhone 등으로 열람할 수 있는 것이다.

조작은 매우 간단하다. 화면상에서 2개의 손가락으로 드래그^{drag}하면 좌우로 진행하거나 와이프아웃^{wipe out}하면 전진·후퇴한다. 또 한 손가락으로 드래그하면 건물을 여러 방향으로 빙글빙글 회전된다. 마치 완성 후의 건물을 방문하고 있는 듯한 착각에 빠질 정도이다. 마찬가지의 애플리케이션은 Autodesk의 'A360', 후쿠이福井컴퓨터 아키텍트의 'iXVL for FCA', Bentley Systmes의 'BentleyNavigator Mobile', Lattice Technology의 'iXVL Player' 등이 있다.

2개의 손가락으로 BIM 소프트웨어로 설계된 건물의 안팎을 여러 가지 각도에서 볼 수 있는 휴대 단말용 애플리케이션. 사진은 Autodesk의 'A360'

사진 제공: 이에이리 료우타家入龍太

Graphisoft Japan의 'BIMx'

자료 제공: Graphisoft Japan 주식회사

후쿠이▦컴퓨터 아키텍트의 'iXVL for FCA'.

사진 제공: 후쿠이▦컴퓨터 아키텍트 주식회사

Lattice Technology의 'iXVL Player'

자료 제공: Lattice Technology 주식회사

Bentley Sysrems의 'Bentley Navigator Mobile'

사진 제공: 주식회사 Bentley Sysrems

8-7

3D 마우스

설계 중인 건물을 자유자재로 이동한다

3D 마우스는 BIM 모델의 안팎 공간을 자유자재로 이동하여 시점을 바꾸거나 부재를 선택하는 작업을 효율화한 것이다. 통상의 마우스에 추가 설치하여 한쪽 손으로 통상의 마우스, 또 한쪽 손으로 3D 마우스를 동시에 조작하여 작업을 한다.

▶▶ BIM 모델을 직감적으로 다룬다

3Dconnection사는 다양한 타입의 3D 마우스를 발매하고 있다. 가장 심플한 'SpaceMouse Wireless'라는 기종은 둥글고 큰 손잡이가 하나만 있는 외관이다. 가지고 다니기 쉬운 무선식으로 되어 있다.

이 손잡이는 말 그대로 직교하는 XYZ축에 대해 수평이동과 회전을 할 수 있게 되어 있다. 이 손잡이를 슬라이드시키거나 기울이거나 회전시키거나 들어 올리는 6종류(6자유도)에 의해서 설계 중인 BIM 모델의 속을 이동하거나 각도나 시점을 바꾸는 조작을 직감적으로 할 수 있다. 동시에 종래의 마우스로 부재를 선택하여 편집함으로써 대폭적으로 작업 효율이 높아진다.

공간 절약형인 'SpaceMouse Compact'나 CAD용 'SpaceMouse Enterprise', 3D 소프트웨어용 'SpaceMouse Pro' 등 상위 제품도 있다.

▶▶ 다양한 BIM 소프트웨어에 대응

3D 마우스는 BIM 소프트웨어에 의한 설계 효율을 높이는 데 큰 효과를 발휘하기 때문에 3Dconnection의 3D 마우스 시리즈는 대부분의 BIM 소프

트웨어나 3차원 CAD, 3차원 디자인 소프트웨어에 사용할 수 있다.

예를 들어, Autodesk의 Revit이나 Navisworks, 3Ds Max, AutoCAD 등
Graphisoft의 ARCHICAD, Bentley Systems의 Microstation, A&A의 Vectorworks,
Trimble Solutions의 Tekla Structures 외에 Rhinoceros나 SketchUp 등이 동사의
3D 마우스에 대응하고 있다.

3D 마우스

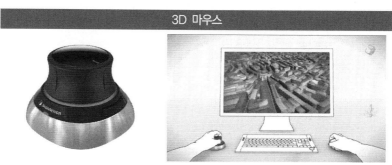

가장 심플한 3D 마우스 'SpaceMouse Wireless'(좌)와 조작 이미지(우)

3D 마우스 손잡이의 움직임. XYZ의 각 축에 대한 수평이동과 회전이 가능

공간 절약형 'SpaceMouse Compact'(좌)와 CAD용 'SpaceMouse Enterprise'(우)

3D 소프트웨어를 장시간 사용하는 사람용으로 만들어진 'SpaceMouse Pro'

출전: https://www.3dconnexion.jp/products/spacemouse.html

8-8

3D 프로젝터

BIM 모델을 입체시한다

3D 프로젝터는 BIM 모델을 3D 영화처럼 스크린에 투영할 수 있는 장치이다. 3D 안경을 끼고 보면 건물의 안길이나 높이, 압박감 등을 실감나게 느낄 수 있다. 3D TV나 3D 디스플레이어를 사용하는 방법도 있다.

▶▶ 오른쪽 눈과 왼쪽 눈으로 따로 따로 화상을 볼 수 있다

인간의 눈이 안길이를 느낄 수 있는 것은 수 센티미터 떨어진 위치에 있는 오른쪽 눈과 왼쪽 눈이 2종류의 영상을 뇌로 보내주기 때문이다. 3D 프로젝터는 이 원리를 응용한 것으로 오른쪽 눈과 왼쪽 눈에 따라 시점이 미묘하게 다른 영상을 스크린에 영사한다.

나안으로는 2중으로 겹쳐진 듯한 영상으로 볼 수 있으나 3D 안경을 끼고 보면 오른쪽 눈과 왼쪽 눈으로부터 각각 다른 영향을 받아들이기 때문에 안길이를 느낄 수 있다는 의미이다.

▶▶ 좌우의 셔터가 고속으로 개폐

3D 안경에는 적청 안경 방식이나 편광 안경을 사용하는 것 등 다양한 방식이 있지만, 최근 영화관 등에서 사용되고 있는 것은 스크린에 짧은 간격으로 우안용과 좌안용의 영상을 번갈아 비치게 하고 그와 동일한 타이밍으로 안경의 유리 부분에 부착한 액정 셔터를 고속으로 개폐하는 방식이다.

프로젝터와 액정 셔터 안경을 동기화시키는 방법으로는 프로젝터에 부착된 적외선 장치 등에서 나오는 신호를 안경 측에서 포착하여 그것에 맞추어 액정 셔터를 개폐하는 방법 등이 사용되고 있다.

▶▶ 3D TV나 3D 디스플레이어를 사용하는 방법

3D 프로젝터는 방을 어둡게 할 필요가 있으며 스크린도 준비해야만
하므로 준비에 시간이 걸린다. 그래서 3D TV나 3D 디스플레이어를 사용
하여 BIM 모델을 보는 방법도 있다.

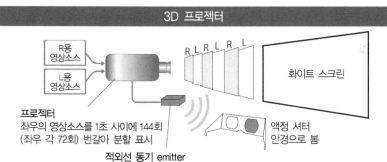

액정 셔터 방식의 3D 프로젝터와 3D 안경의 구조

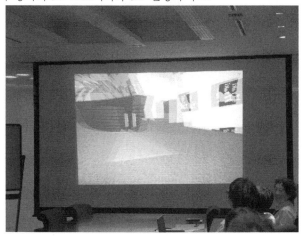

3D 프로젝터로 비춘 영상, 육안으로는 이중의 영상으로 보인다.

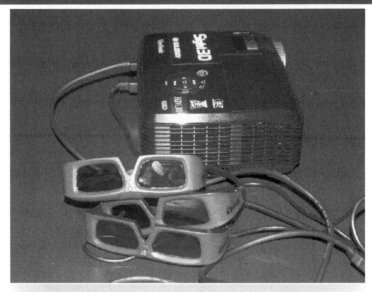

액정 셔터 방식의 3D 프로젝터와 3D 안경의 예(위). 3D TV의 이미지(아래)
자료 제공: (우)Megasoft 주식회사(3DCG 작성 소프트웨어 '3D Archi Designer' 외

8-9

드라이브 시뮬레이터

도로 위의 워크스루walk through

드라이브 시뮬레이터drive simulator는 실차와 마찬가지로 만들어진 운전석 주위에 다수의 모니터를 설치하여 컴퓨터로 차 밖의 풍경을 실시간으로 영상으로 비추면서 마치 실물 자동차를 운전하는 것과 같은 체험을 할 수 있는 장치이다.

▶▶ 건물이나 도로 등 BIM 모델을 활용

드라이브 시뮬레이터는 자동차 운전학원이나 안전 운전 교육 장소에서 사용되고 있다. 드라이브 시뮬레이터의 소프트웨어에 BIM으로 설계된 건물이나 주변의 지형이나 도로 등을 읽어 들임으로써 설계 중인 건물 주변의 도로를 가상적으로 주행하면서 운전자 입장에서 설계 검증을 할 수 있다.

이러한 용도에 사용할 수 있는 소프트웨어로는 Forum8이 개발·판매하고 있는 'UC-win/Road'라고 하는 가상현실 소프트웨어 등이 있다.

▶▶ 드라이브 시뮬레이터 기기

드라이브 시뮬레이터 기기 중 간단한 것은 게임용 핸들이나 액셀을 테이블 주변에 부착한 것도 있으나 본격적인 것은 실차를 연상할 수 있도록 운전석을 상하, 좌우, 전후로 진동하거나 기울일 수 있는 운전대를 부착하고 운전석 주위를 모니터로 빙 둘러싸고 있는 것도 있다.

▶▶ 주차의 용이성이나 간판의 시인성 검토도

드라이브 시뮬레이터의 용도로는 먼저 건물 주변의 도로 노면 형상이나 수목, 교통 표지 등을 고려한 조망이나 주차장에 들어갈 때의 핸들 조작 용이성 등 도로의 안전성이나 운전성 등의 검토를 들 수 있다.

또 자동차에서의 시점에서 건물이나 거리를 워크스루함으로써 상점의 간판을 먼 거리에서 보기 쉽게 하기 위한 위치나 크기의 검토나 주위의 건물과의 조화나 거리의 경관 검토 등에도 사용된다.

노면의 형태나 핸들·브레이크 조작 등에 따라서 운전석이 상하, 좌우, 전후로
움직이는 본격적인 드라이브 시뮬레이터

도로의 조망이나 주차장으로의 출입 용이성 등도 검토할 수 있다.

8-10

워크스테이션

24시간 가동을 전제로 설계한다

워크스테이션Workstation은 대부분 외관만으로는 PC와 분간하기 어렵다. 그러나 설계나 사용되고 있는 부품, 지원 서비스 등 눈에 보이지 않지만 PC와는 큰 차이가 있다.

▶▶ 24시간 가동을 전제로 설계

워크스테이션은 업무용 고성능 컴퓨터이다. OS나 CPU의 종류, 메모리나 하드디스크의 용량 등 사양만 보면 PC와의 차이를 잘 알 수 없을지도 모르지만 워크스테이션은 24시간, CPU가 100% 계속해서 가동하는 것을 전제로 설계되어 있어 내구성이나 신뢰성이 PC와 크게 다르다.

예를 들어, 본체 내부를 흐르는 기류가 CPU나 그래픽보드, 전원 등을 효율적으로 냉각하기 때문에, 각각 기류를 독립시키고 있거나 하드디스크도 내구성이 높은 기종이 사용되고 있다.

또 고장 신고를 한 다음 날에는 기술자가 부품을 가지고 출장 와서 그 자리에서 수리해주는 극진한 지원 서비스 등도 준비되어 있다. 이와 같이 업무를 중단하지 않고 완료할 수 있는 '안심감을 산다'라는 점이 PC와 크게 다른 점이다.

▶▶ BIM용은 20만~30만 엔의 기종이 중심

예전부터 워크스테이션은 수백만 엔이나 하는 것이 당연했지만 최근은 성능은 계속 높아지고 있음에도 불구하고 BIM 소프트웨어의 작업에 적합한 기종의 가격은 20만~30만 엔의 기종이 중심이 되고 있다.

데스크톱 기종의 경우는 여러 대의 모니터를 사용하면서 BIM 소프트웨어로 효율적으로 설계할 수 있다. 고성능 그래픽보드를 탑재한 노트형 워크스테이션도 BIM 사용자에게 인기가 있다. 고객 앞에서의 프레젠테이션이나 출장지에서의 설계 작업 등에서 편하게 사용할 수 있고 소비 전력이 작은 것도 장점이다.

초소형 워크스테이션 'HP Z2 Mini G3'에서의 BIM 소프트웨어 활용 예(좌). 노트형 워크스테이션과 대형 모니터를 접속한 프레젠테이션(우)

데스크톱형 워크스테이션 'ThinkStation P330 Tower'

사진 제공: Lenovo Japan 주식회사

노트형 워크스테이션 'Dell Precision 7530'

사진 제공: Dell 주식회사

8-11

그래픽보드

BIM 소프트웨어의 동작 속도를 가속시킨다

그래픽보드란 모니터 화면에 영상 등을 비추는 부품이다. 특히 BIM 소프트웨어와
같이 3차원 데이터 처리가 필요한 소프트웨어에서는 그래픽보드의 성능에 따라서
화면의 표시 속도에 큰 차이가 생긴다.

▶▶ BIM에는 고성능 그래픽보드를

일반적인 PC의 대다수에는 CPU 내장 그래픽스 기능이 탑재되어 있지만
3차원 데이터를 다루는 BIM 소프트웨어에서는 대부분 사용할 수가 없다.
3차원 데이터의 화상 처리 능력이 지나치게 낮기 때문이다.

그래서 데스크톱의 경우에는 고성능 그래픽보드를 별도 부착할 필요가
있다. 노트형 PC나 워크스테이션의 경우에는 BIM 소프트웨어와 궁합이
잘 맞는 고성능 그래픽보드를 갖춘 기종을 선택하는 것이 중요하다.

▶▶ BIM 소프트웨어에는 'OpenGL 대응'의 제품을

그래픽보드에는 워크스테이션이나 CAD용 'OpenGL'이라고 하는 규격
에 대응하는 것과 게임용 'DirectX'에 대응하는 것이 있지만 BIM 소프트웨어
에서 사용하는 경우는 당연히 'OpenGL'에 대응한 것을 선택한다. OpenGL
과 DirectX의 양쪽에 대응하고 있는 제품도 있다.

BIM 소프트웨어와의 궁합이 좋은 그래픽보드로는 일본 AMD의 'Fire
Pro' 시리즈나 NVIDA의 'Quadro' 시리즈 등이 있다.

추천 그래픽보드를 소개하고 있는 BIM 소프트웨어의 홈페이지도 있으

므로 구입 전에 참고로 하면 좋을 것이다.

▶▶ 그래픽보드에 의존하는 BIM 소프트웨어

최근의 BIM 소프트웨어는 그래픽보드의 성능에 따라서 화면 표시 속도가 크게 차이가 나고 있다. 그 때문에 BIM 사용자의 사이에서는 "컴퓨터는 10만 엔짜리라도 좋으니, 그래픽보드에 20만~30만 엔을 지불하겠다"라고 하는 이야기도 들리고 있다.

고기능의 그래픽보드를 사용하면 여러 개의 모니터를 동시에 사용하여 작업 능률을 높일 수도 있다. 2대 이상의 모니터를 사용하는 BIM 사용자는 드물지 않다.

또 가상현실VR의 활용에는 BIM 소프트웨어보다 한 등급 높은 성능을 가진 그래픽보드가 필요하다.

BIM 소프트웨어뿐만 아니라 VR에도 대응한 그래픽보드 'Radeon Pro WX 7100'
출전: https://www.amd.com/ja/products/professional-graphics/radeon-pro-wx-7100

BIM 소프트웨어뿐만 아니라 VR에도 대응한 그래픽보드 'NVIDIA Quadro P4000'
사진 제공: Elsa Japan 주식회사

8-12

대형 잉크젯 프린터

도면도 CG도 고품질로 작도한다

A1이나 A0 사이즈 등 대형 도면이나 CG 투시도, 포스터 등을 컬러로 아름답게 출력할 수 있는 것이 대형 잉크젯 프린터이다. BIM 모델로부터 도면이나 CG, 프레젠테이션 보드를 자사에서 출력함으로써 업무의 속도 향상이 도모된다.

▶▶ 대형 잉크젯 프린터란

대형 도면이나 CG 투시도 등을 인쇄하는 것이 대형 잉크젯 프린터이다. Cyan(청), Magenta(적), Yellow(황), Black(흑) 등 여러 가지 색의 잉크를 이동하는 프린터 헤드에서 종이에 뿜어 칠함으로써 컬러 인쇄를 하는 것으로 A4 크기 등의 잉크젯 프린터의 원리와 동일하다.

다만 종이는 A1이나 A0 사이즈 외에 화장실 휴지처럼 감겨져 있는 롤지와 같이 수십 미터의 가늘고 긴 종이를 사용하며 인쇄된 도면의 길이에 따라서 자동 절단하는 기능을 갖추고 있는 기종이 일반적이다.

대형 잉크젯 프린터 위에 대형 스캐너를 부착한 대형 복합기도 시판되고 있으며 1대로 대형 스캐닝, 복사, 프린트 등 다목적으로 사용할 수 있다.

▶▶ CG 포스터나 프레젠테이션 보드를 자체 제작

BIM 소프트웨어를 사용하여 설계하면 CG 투시도나 프레젠테이션용 보드, 설계 공모의 제출물인 포스터 등의 데이터를 자사에서 작성하여 편집할 수 있다. 대형 잉크젯 프린터에 의해서 대형 용지로의 출력도 자사에서 자체 제작할 수 있으므로 야간이나 휴일에도 작업을 속도감 있게 할 수 있는 것 외에 외주 비용의 절감에도 도움이 된다.

▶▶ 공사 현장에서도 마감 이미지를 공유

공사 현장에서도 대형 CG 투시도나 3D 단면도 등은 유용하다. 도면으로는 알기 어려운 상세 부분의 마무리나 마감 이미지 등을 대형 용지에 인쇄하여 현장에 깔아두는 것이다. 이러한 아이디어에 의해 협력회사나 전문가 등이 설계 의도대로 마감해준다.

▶▶ A1 크기이면 실제 판매가격 20만 엔 정도

대형 잉크젯 프린터는 예전부터 100만 엔 이상 하는 것이 보통이었으나, 최근에는 가격이 대폭 내려가고 있다. 통판 사이트의 가격을 보면, A1 사이즈의 잉크젯 프린터라면 10만 엔대에서 구입할 수 있는 것도 있다. 전용 스탠드를 붙여도 실제 판매 가격으로 30만 엔 이내의 기종이 많이 있다.

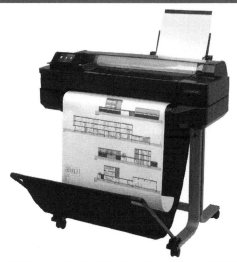

수십만 엔에 판매하는 A1 사이즈 'HP DesignJet T520 A1 모델'

사진 제공: 주식회사 일본 HP

A0 크기의 '캐논 ImagePROGRAF TM-300 MFP'

사진 제공: Canon Marketing Japan 주식회사

8-13

IC 태그

고기능인 '전자판 바코드'

IC 태그란 초소형 IC 칩과 안테나를 조합시킨 것으로 전용 리더 라이터^{reader/writer}라고 하는 기기를 사용하여 IC 칩의 정보를 읽고 쓰는 것이 가능하다. IC 태그를 건설 자재 등에 부착하여 물류나 시공관리, 유지관리 등에 사용한다.

▶▶ 바코드의 전자판이 IC 태그

IC 태그^{RFID}는 슈퍼마켓 직원 등이 정산에 사용하는 바코드를 전자화한 것과 같은 것이다. 바코드에는 십여 자리의 번호가 적혀 있어 그것을 직원의 판매시점 정보관리^{POS} 시스템이 빛으로 판독한다.

이것과 마찬가지로 IC 태그에는 'ID 번호'라고 하는 개체를 나타내는 정보가 기록되어 있어 이것을 전파에 의해 수 미터 떨어진 지점으로부터 판독할 수 있다. 바코드에 비해 방대한 용량의 데이터를 기록할 수 있다.

▶▶ 사물과 컴퓨터의 중개역

IC 태그의 주요 역할은 사물과 데이터베이스를 연결하는 중개역이 되는 것이다. 예를 들어, 설계도의 부재 번호를 'ID 번호'로서 IC 태그에 기록하여 그것을 해당하는 자재에 붙여두면 리더^{reader}로 판독하는 것만으로 그 자재의 번호를 컴퓨터에 입력할 수 있다. 키보드로 입력하는 수고나 오류가 없어지는 것이 특징이다.

▶▶ 시공관리나 유지관리를 합리화

건물의 철골이나 창호, 새시 등 각각의 부재 번호를 입력한 IC 태그를 붙여두면 물류관리나 시공관리, 유지관리 등에 폭넓게 사용할 수 있다. 그 부재가 공장으로부터 현장의 자재 적치장, 또 건물 내의 설치 위치로 이동하는 각 단계에서 IC 태그를 판독하면 그 부재가 지금 어디에 있는지를 실시간으로 관리할 수 있다.

또 유지관리 단계에서는 건물 부재의 IC 태그로부터 판독한 데이터로서 BIM 모델상의 부재를 검색하여 설계 정보나 공사 이력 등을 볼 수 있다.

▶▶ 건설업용 IC 태그

서점 등의 상점에서 사용되는 IC 태그는 종이제인 경우도 있지만 건설업에서 사용되는 IC 태그는 비바람에 강한 금속제 등이 자주 사용된다.

프리캐스트 콘크리트용 IC 태그(좌)와 리더/라이터(우)의 예

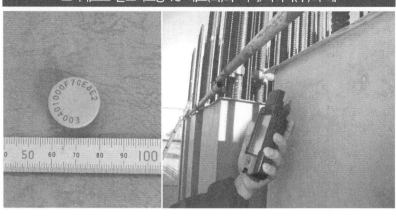

부재에 붙인 IC 태그와 BIM 모델, 공정표의 연계 예

자료 제공: 카시마鹿島건설 주식회사

8-14

드 론

공중 촬영된 연속사진으로부터 3D 모델을 작성

드론이란 소형 무인 비행기로 UAV^{Unmanned Aerial Vehicle}이라고도 불린다. 카메라나 레이저 스캐너를 탑재하여 현장 상공을 비행하면서 항공사진을 연속촬영하여 현장의 정점 관측이나 3D 모델의 작성에 사용된다.

▶▶ 무인으로 안정 비행

건설업에 사용할 수 있는 드론은 회전 날개를 4~8개 회전시켜 비행하는 것이 일반적이다. 기체의 기울기를 검지·보정하는 자이로 센서나 인공위성의 전파로서 정밀한 위치 계측을 하는 GNSS 안테나를 탑재하고 있으므로 종래의 무선 조종 헬리콥터에 비하면 비행이 안정적이고 간단히 조종할 수 있다.

▶▶ 항공사진으로부터 3D 모델 작성

드론을 사용하면 건물 등의 건설 중에 공중의 일정 장소에서 촬영할 수 있으므로 공사 진척의 정점 관측용 사진 촬영에 사용할 수 있다. 이밖에 일정 고도를 지그재그 코스로 비행하면서 지상의 연속 사진을 수백 장 단위로 공중 촬영하여 PC 소프트웨어로 처리하여 3D 좌표점의 집합체인 '점군 데이터'나 이것에 표면을 입힌 3D 모델을 만드는 것에 자주 사용되고 있다.

또 레이저 스캐너를 탑재한 드론은 비행하면서 지상의 형상을 점군 데이터로 직접 계측할 수 있다.

▶▶ 법 규제

드론을 비행시킬 때는 항공법이나 소형 무인기 등 비행금지법에 따라 원칙적으로 비행 금지 장소나 고도가 설정되어 있다. 예를 들어, 공항 주변이나 국가의 중요 시설 주변에서의 비행은 금지되어 있다. 또 공원이나 사유지의 상공도 공원조례나 토지 소유권에 따라 무허가로 비행할 수는 없다. 이러한 장소에서도 소관 관청이나 관리자, 소유자의 허가를 득하면 비행시킬 수 있다.

현장의 공중 촬영에 사용되는 드론의 예

사진 제공: Aisan Technology 주식회사

도쿄東京·니혼바시日本橋빌딩 현장을 상공에서 촬영하는 드론

사진 제공: 미쓰이三井 부동산 주식회사

공중 촬영 사진을 PC로 처리하여 만든 빌딩 현장의 3D 모델

사진 제공: 미쓰이三井 부동산 주식회사

8-15

VR 고글, AR 고글

실제 크기, 입체시로 BIM 모델을 본다

VR(Virtual Reality) 고글이란 BIM 모델을 실제 크기로 입체시하기 위한 초소형 디스플레이로서 안경처럼 착용하여 사용한다. AR(확장현실) 고글은 현실의 풍경상에 BIM 모델을 겹쳐 표시할 수 있다.

▶▶ BIM 모델을 실시간으로 입체시

VR 고글은 좌우의 눈앞에 초소형 디스플레이가 부착되어 있어 각각의 눈의 각도에서 본 BIM 모델의 영상이 표시된다. 그렇게 하면 인간의 눈으로는 BIM 모델이 입체적으로 도드라져 보인다. 머리를 상하 좌우로 흔들면 영상도 그것에 따라 회전한다. 게다가 위치 계측 장치가 붙어 있는 것은 전후좌우로 걸어 이동하면 시점도 그것에 따라 움직이므로 마치 완성 후의 건물의 앞이나 가운데를 돌아다니고 있는 것 같은 리얼한 체험을 해볼 수 있다.

가격은 수십만 엔대의 제품이 중심이지만 Windows VR에 대응한 제품은 6~7만 엔 정도로 약간 가격이 저렴하다.

▶▶ 현실의 풍경에 BIM 모델을 겹쳐 볼 수 있는 AR 고글

한편 AR 고글은 디스플레이를 통해 현실의 풍경을 보면서 그것에 BIM 모델을 겹쳐 볼 수 있도록 되어 있다. 그 때문에 실제 현장과 BIM 모델을 보면서 현장에 건설 예정인 건물을 나타내어 디자인을 확인하거나 먹매김 작업이나 기성 검사 등에 사용할 수 있다.

현장에서의 작업에는 배선이 방해가 되기 때문에 Microsoft HoloLens 등 AR 고글 자체가 독립된 PC로 동작하는 제품이 자주 사용되고 있다.

▶▶ BIM 모델 데이터를 VR, AR용으로 변환

VR 고글이나 AR 고글로서 BIM 모델이나 점군 데이터 등을 보기 위해서는 전용 소프트웨어나 클라우드 서비스 등으로 데이터 변환을 한다.

VR 고글의 사용 예

VR 고글을 착용한 모습(좌). 좌우의 초소형 디스플레이에는 시점의 위치를 미묘하게 바꾼 영상이 비춰져 양쪽 눈으로 보면 실제 크기, 입체시를 할 수 있다(우).
사진 제공: (좌)이에이리 료우타家入龍太, (우) NVIDA

HoloLens를 착용한 직원(좌). HoloLens를 통하면 U형 측구를 배치하는 선이 보인다(우).

좌측 사진 제공: 이에이리 료우타家入龍太, 우측 사진 제공: 오바야시구미大林組

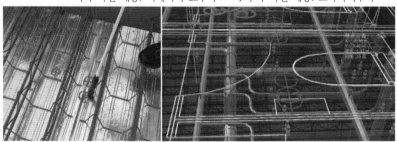

바닥판용 강제 거푸집에 아래층의 설비를 매다는 인서트를 먹매김하는 작업(우).
HoloLens를 통해 보면 바닥 아래 설비의 BIM 모델이 거푸집에 겹쳐져 보인다.

좌측 사진 제공: 이에이리 료우타家入龍太, 우측 사진 제공: Infomatics

8-16

화상회의 시스템

해외 현장의 상황도 훤히 알 수 있다

화상회의 시스템은 인터넷 등의 회선으로 PC 화면이나 음성을 중계하면서 실시간으로 서로 이야기할 수 있는 것이다. BIM이나 VR을 사용하면서 회의를 하면 멀리 떨어진 현장의 상황도 잘 알 수 있어 정보 공유나 의사 결정을 빠르게 할 수 있다.

▶▶ 화상회의 시스템

화상회의 시스템은 카메라와 마이크를 내장한 전용 하드웨어를 사용하여 상대방과 전화처럼 PtoP^Point to Point로 접속하여 회의를 하는 시스템이다. 대화면 모니터를 사용하는 경우가 많고 회의실 등에 많은 참가자가 모여 회의나 설명 등을 하기에 적합하다. PC 화면 공유는 할 수 있으나 파일 공유나 개개의 참가자가 채팅으로 발언하기에는 적합하지 않다.

전용 하드웨어를 사용하므로 초기 비용이나 전용 비용은 고액이지만 높은 품질로 동영상이나 음성을 안정적으로 보낼 수 있다.

▶▶ WEB 회의 시스템

한편 WEB 회의는 전용 하드웨어는 사용하지 않고 일반 PC나 스마트폰 등에 카메라나 마이크를 연결하여 인터넷 브라우저나 전용 앱을 사용하여 회의를 한다. 그 때문에 손쉽게 참가할 수 있고 데스크톱이나 파일의 공유, 채팅도 할 수 있다. 1대 1이나 적은 숫자끼리의 미팅 등에 적합하다. 전용 하드웨어를 사용하지 않으므로 저비용으로 도입할 수 있고 무료 또는 월

정액 요금만으로 사용할 수 있다.

▶▶ VR이나 점군 데이터를 사용한 화상회의도

화상회의를 하는 장소에 실제 크기, 입체시가 가능한 3D 프로젝터나 VR 고글을 갖춘 화상회의 시스템도 개발되어 있다. 건물의 BIM 모델 속에 쌍방이 들어가 세밀한 구조나 디자인에 대해서 협의할 수 있다. 현장의 점군 데이터를 사용하면 현지로 출장가지 않아도 동등한 논의를 할 수 있다.

화상회의 시스템의 활용 예

해외 현장과의 화상회의 전경(좌). BIM 모델(우)을 공유하면서 회의는 마치 현장에 가서 설명을 듣고 있는 것처럼 알기 쉽다.

사진 제공: 이에이리 료우타家入龍太, 자료 제공: 미쯔비시/히타치三菱日立Power Systems 주식회사

싱가포르 국유 인프라개발회사 Surbana Jurong의 사옥 내에 설치된 VR 시설. BIM 모델을 실제 크기로 입체시하면서 건물 설계를 협의할 수 있다.

사진 제공: 이에이리 료우타家入龍太

역사적 건물을 BIM으로 가상 보존

야마구찌山口현 시모노세키下関시 카라토唐戸지구에 있는 1924년 준공된 구 체신성 시모노세키下関 전신국 전화과 청사(현: 다나카키누요田中絹代문화관) 건물은 내부까지 BIM으로 완전 재현되었다.

그 순서는 우선 건물을 내측과 외측으로 여러 장소에서 3D 레이저 스캐너로서 계측하여 점군 데이터를 하나로 합체한다. 불필요한 전신주 등의 데이터를 식제한 후 BIM 소프트웨어 'Revit'에 이 점군 데이터를 읽어 들여 입체적으로 트레이스하여 BIM 모델이 완성되었다.

이 BIM 모델은 3D PDF 데이터로 변환되어 다나카키누요田中絹代문화관의 홈페이지(http://kinuyo-bunka.jp/)에서 일반에 공개되어 있다. 사용자 자신이 마우스 등을 조작하여 청사 내외를 워크스루할 수 있으므로 마치 청사를 방문한 것 같은 기분이 든다.

도시 재개발 등에서는 과거의 유서 깊은 건물을 보존할지 해체할지 고민하는 경우가 많이 있다. 이때 BIM 모델이 남겨져 있으면 만약 이 건물이 해체된다고 해도 언제라도 과거의 건물로 타임슬립하여 반가워하거나 조사하거나 할 수 있으므로 향후 역사적 건물의 보존 방법의 선택지가 될 것이다.

건물을 3D 레이저 스캐너로 계측(좌)하여, 그 점군 데이터를 BIM 모델화 (우)하였다.

사진·자료 제공: Autodesk 주식회사

제 **9** 장

BIM에 의한 경영 전략

BIM은 단순한 설계 도구가 아니라 기업의 업무 흐름이나 생산 시스템, 조직이나 인사 그리고 고객이나 제공하는 서비스라는 경영 전략을 혁신하는 힘을 가지고 있다.

그래서 BIM의 강점을 살린 경영 전략이 탄생한다. BIM에 의해서 신규 고객을 개척하는 해외 프로젝트나 유지 관리 서비스, 영화나 게임 등의 엔터테인먼트 관련 비즈니스로의 참여라고 하는 새로운 성장 전략의 실현도 꿈만은 아니다.

또 스마트 하우스나 스마트 그리드를 통하여 환경 관련 비즈니스로의 전개도 가능해진다. 이 밖에 방재나 교육 분야 등 BIM의 '가시화의 힘'이나 '알기 쉬움'을 살려 건설업은 미래를 판매하는 비즈니스로 변신하는 것이다.

9-1

성장 전략

BIM으로 사업 도메인을 확대

지금까지 건설업의 고객은 시공주이고 제품은 건물이나 설계 서비스였다. BIM을 도입함으로써 새로운 고객을 개척하거나 새로운 제품·서비스를 개발함으로써 새로운 성장 전략이 가능해진다.

▶▶ 기존의 사업에 얽매인 건설업

경영자에게 가장 중요한 일은 '누구에게 무엇을 팔까'를 결정하는 것이다. 그렇지만 건설업의 경우는 시공주라고 하는 고객에 대해 건물이나 설계도서라는 제품·서비스를 판매하는 것만이 업무라고 생각하고 있는 경영자가 적지 않다.

고객과 제품·서비스를 각각 기존과 신규로 나누어 '전田자 형태'의 매트릭스로 한 것을 사업 도메인이라 한다. 건설업의 경우는 왼쪽 위의 기존 고객, 기존 제품·서비스의 틀에 매달려온 느낌이 있다.

▶▶ Ansoff의 성장 벡터

사업을 성장시키기 위해서는 기존 도메인에 얽매여 있어서는 한계가 있다. 그래서 새로운 고객을 개척하는 '신규 고객 개척 전략'이나 새로운 제품·서비스를 개발하는 '신제품·서비스 개발 전략', 고객, 제품·서비스 모두 새로운 사업을 추구하는 '다각화 전략'이 필요하게 된다. 이러한 전략을 사업 도메인상에 나타낸 도표를 'Ansoff의 성장 벡터'라 한다.

또 제한된 기존 사업 도메인에서 철저하게 실력을 키워 타사와의 경쟁에서 승리해나가는 '시장 침투 전략'이라고 하는 사고방식도 있다.

▶▶ BIM판 'Ansoff의 성장 벡터'

BIM은 건설업이 4개의 성장 전략의 가능성을 넓혀준다.

'시장 침투 전략'에서는 BIM을 활용한 '간섭 없는' 설계도의 작성이나 48시간에 완료하는 스피드 설계 등을 고려할 수 있다. '신 고객 개척 전략'은 해외 프로젝트로의 진출이나 영화 산업용 가상 무대 세트의 작성 등이 있다. '신제품·서비스 개발 전략'으로는 BIM에 의한 유지관리나 에너지 절약형 리모델링 등이 있으며, '다각화 전략'으로는 빌딩 임대인용 에너지 절약 컨설팅이나 자리 이동·이사 지원 등이 있을 것이다.

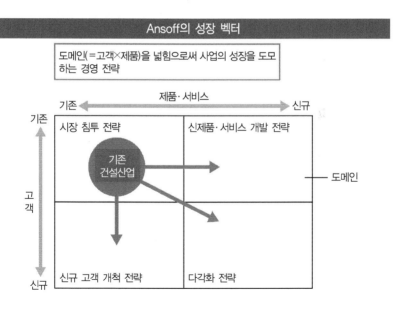

Ansoff의 성장 벡터

도메인(=고객×제품)을 넓힘으로써 사업의 성장을 도모 하는 경영 전략

제품·서비스

기존 ←————————→ 신규

기존

시장 침투 전략　　신제품·서비스 개발 전략

기존
건설산업

고객

―― 도메인

신규

신규 고객 개척 전략　　다각화 전략

BIM에 의한 건설업의 성장 전략 아이디어

제품·서비스

기존 ←――――――――――――――――――――――→ 신규

기존 (고객)	시장 침투 전략	신제품·서비스 개발 전략
	● '간섭 없는' 설계도 작성 ● 48시간 설계 ● Pre-Construction Service ● Fast track	● BIM에 의한 유지관리 ● 빌딩·주택 키트의 판매 ● 에너지 절약 리모델링 계획·시공 ● ESCO 도입의 계획·시공
신규 (고객)	신규 고객 개척 전략	다각화 전략
	● 해외 프로젝트로의 진출 ● 설계 서비스의 인터넷 판매 ● 영화용 가상 세트 제작	● 빌딩 임차인용 에너지 절약 컨설팅 ● 자리 이동·이사 지원

9-2

노동 생산성의 향상

제조업의 방법을 건설업에 도입한다

3차원 형상과 부재의 속성정보가 일체로 된 BIM 모델은 이를테면 '컴퓨터가 읽을 수 있는 도면'이다. 제조업은 1990년대에 3차원 설계의 도입으로 노동 생산성을 대폭 향상시켰던 것처럼 건설업도 BIM에 의해서 생산성 개선의 여지가 있다.

▶▶ 건설업의 노동 생산성이 제조업에 역전된 이유

1990년대 초, 건설업에 종사하는 사람이 1시간/1인당 산출하는 노동 생산성은 제조업보다도 높은 것이었다. 그렇지만 그 후 제조업의 생산성은 계속해서 급성장하여 순식간에 건설업을 앞질렀다.

그 배경에는 제조업에서 3차원 CAD를 사용한 설계·제조 공정의 기술 혁신이 있었던 것을 들 수 있다. 제조업에서도 예전에는 제품을 개발하기 위해 여러 개의 시작품을 만들고 있다. 자동차의 경우는 충돌 실험 등 다양한 시험을 실물 차량으로 시행하고 있었기 때문에 많은 시간일 걸렸었다.

그러나 3차원 CAD나 다양한 해석 소프트웨어가 도입되었기 때문에 시작품을 만들지 않아도 '디지털 프로토타입'이라 불리는 3차원 모델을 만들어 컴퓨터 내에서 가상적인 실험이나 시뮬레이션을 하여 제품 개발을 신속하게 시행할 수 있게 되었다. 또 공장에서는 사람을 대신하여 산업용 로봇이 용접이나 도장 등의 작업을 담당하고 있다.

한편 건설업은 CAD나 PC가 도입되었다고는 하지만 '현장에서의 단품 생산'이라고 하는 제조업과 다른 특수성 등을 이유로 지금까지 수십 년에 걸쳐 기본적으로는 동일한 업무 방식을 해왔다. 그 때문에 컴퓨터나 IT의 힘을 충분히 업무에서 살릴 수 없어 노동 생산성의 면에서 제조업에 크게 뒤쳐져버렸던 것이다.

▶▶ 수작업에 의한 입력으로부터 일관처리로

종래의 CAD 도면은 이를 테면 단순한 선과 문자의 집합체와 같은 것이었다. CAD 데이터 자체는 디지털 정보일지라도 간섭체크나 적산·견적, 구조 계산, 에너지 계산 그리고 공정 계획 등의 작업은 종이로 출력된 도면을 사람의 눈으로 보고 판단하거나, 각 소프트웨어에 수작업하여 처리할 필요가 있었던 것이다.

한편 BIM 모델은 건물의 형상이나 구조, 재질 등을 컴퓨터가 이해할 수 있도록 만들고 있다. BIM 모델 데이터를 읽고 쓸 수 있는 다양한 소프트웨어를 이용하면 설계나 시공에 관한 다양한 정보처리를 컴퓨터의 힘을 살려 자동적으로 처리할 수 있기 때문에 업무 생산성은 대폭 높아진다.

▶▶ 제조업과 유사한 방법으로 노동 생산성 향상을

제조업이나 의료분야에서는 'Rapid Prototyping'이라고 하는 기술이 사용되었다. 이것은 기계나 내장기관 등의 3차원 데이터로부터 입체 모형을 자동적으로 만드는 기술이다. 이것은 건설업에도 응용할 수 있다. 3D 프린터라고 하는 조형기를 사용하면 복잡한 곡면으로 구성된 건물이라도 몇 시간이면 모형이 완성되는 것이다.

3D 프린터는 수작업에 의존하고 있었던 모형제작을 컴퓨터에 의해 자동화한 예의 하나에 불과하다. 건설업도 제조업과 마찬가지로 수작업을 컴

퓨터나 로봇의 힘으로 자동화함으로써 설계나 시공의 노동 생산성을 대폭 높일 수 있을 가능성이 있다.

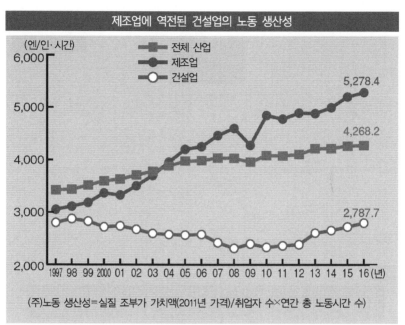

제조업에 역전된 건설업의 노동 생산성

(엔/인·시간)

- 전체 산업
- 제조업
- 건설업

5,278.4

4,268.2

2,787.7

1997 98 99 2000 01 02 03 04 05 06 07 08 09 10 11 12 13 14 15 16 (년)

(주)노동 생산성＝실질 조부가 가치액(2011년 가격)/취업자 수×연간 총 노동시간 수)

1990년대 초는 건설업의 노동 생산성은 다른 산업을 상회하고 있었지만 그 후 20년간 크게 차이가 났다. 그렇지만 2008년을 저점으로 건설업의 노동 생산성은 조금씩 회복하고 있다.

자료 제공: 「건설업핸드북 2018」(일본건설업연합회편)

9-3

생산 전략

모듈러·컨스트럭션에 의한 생산성 향상

BIM에 의한 설계로서 의장, 구조, 설비의 각 부재의 간섭체크나 더욱이 시공 단계에서의 4D에 의한 상세한 간섭체크를 하면 하나로 합친 부재를 공장에서 만들어 현장에서 조립하는 '모듈러 컨스트럭션Moduler·Construction화'에 의해서 생산성을 높일 수 있다.

▶▶ '현장 맞춤 없는' 모듈러화가 가능

설계 단계에서 의장, 구조, 설비의 BIM 모델을 조합시켜 간섭체크를 하면 부재끼리의 경합이 없는 것을 확인하고 더욱더 철골의 매닮 피스나 부착 금구 등 작은 부재를 포함하여 4D에 의한 시공 시뮬레이션이나 간섭체크를 하면 건물은 현장 맞춤 없이 만드는 설계가 된다. 하나로 합친 부재를 공장에서 생산하여 현장에서 조립해나가는 방법을 '모듈러 컨스트럭션'이라 한다.

▶▶ 수많은 프론트 로딩 효과

모듈러 컨스트럭션을 활용함으로써 공사의 품질quality, 비용cost, 공기delvery, 안전safety, 환경ecology이라고 하는 시공관리의 요소 전체에 프론트 로딩에 의한 장점을 가져다준다.

천후의 영향을 받지 않는 옥내에서 산업용 로봇 등을 사용한 생산에 의해 품질이 높아지는 것 외에 현장 맞춤이나 재작업이 없어진다. 그 결과 인력 절감이나 안전성의 향상, 공기 단축이 실현된다. 나아가서는 현장

맞춤에 의한 잔재 발생의 삭감이나 비용 절감이라고 하는 효과도 기대할
수 있다.

▶▶ 모듈러 컨스트럭션으로 고층 빌딩을 건설

사전제작화는 규격품이 많은 배관이나 기기 등의 설비나 철골 부재 등에
적합하지만 유럽과 미국 등에서는 오피스 빌딩이나 학생 기숙사, 호텔
등의 방을 의장, 구조, 설비를 통째로 공장 생산하고 현장으로 운반하여
고층 빌딩을 건설하는 본격적인 모듈러 컨스트럭션도 널리 시행되고 있다.

새시나 외장재를 함께 사전제작화하여 현장에서 조립하고 있는 예

자료 제공: McGraw-Hill Construction

방을 통째로 모듈화한 건물의 예

사진 제공: 이에이리 료우타家入龍太

배관, 덕트, 배선을 선반에 넣어 모듈화한 예

자료 제공: McKinstry

환경 전략

BIM을 저탄소화 사회의 무기로

미국의 조사에 의하면 CO_2 배출량 중 약 40%가 빌딩이나 주택 등의 건물이 차지하고 있다. 지구환경문제를 해결하기 위해 BIM은 개개의 건물의 '에너지 절약', '에너지 창출', '에너지 비축'을 추구하는 것 외에 저탄소화 사회로의 길도 열 수 있다.

▶▶ CO_2 배출량의 40%는 건물로부터

2002년에 미국에서 시행된 조사*에 의하면 건물에서 소비되는 에너지에 의한 CO_2 배출량은 전체의 43%를 차지하고 교통 부문 32%, 산업 부문 25%를 웃돌아 최고가 되고 있다.

지구온난화의 원인으로 알려져 있는 CO_2 배출량을 삭감하기 위해서는 무엇보다도 건물에서의 에너지 소비를 줄이는 것이 요구되고 있다. 그래서 BIM은 건물의 에너지 소비를 가시화하여 건물의 환경 성능을 개선하는 도구로서 중요한 역할을 담당하고 있다.

▶▶ 에너지 절약, 에너지 창출, 에너지 비축을 BIM으로 추구

개개의 빌딩이나 주택은 BIM에 의해서 공조 부하를 줄이고 자연광을 이용하는 '에너지 절약', 태양광 발전이나 풍력 발전 등에 의한 '에너지 창출'의 효과를 최대한으로 추구함과 동시에 축전지나 전기자동차의 배터

---

* Center for Climate and Energy Solution에 의한 조사.

리에 전력을 모으는 '에너지 비축'을 효과적으로 활용하는 것이 필요하다.

▶▶ 스마트 그리드와의 연계로서 저탄소사회를

에너지 절약, 에너지 창출, 에너지 비축을 실현하기 위해 필요한 것이 빌딩에서는 BEMS빌딩 에너지 관리 시스템, 주택에서는 HEMS주택 에너지 관리 시스템이다. 이러한 시스템에 의해서 전력 소비의 피크를 내리거나 겹치지 않게 하여 전력 회사로부터 구매하는 전력을 평준화하는 효과가 있다.

더욱이 지역 전체의 전력 수급을 조정하는 스마트 그리드와 BEMS나 HEMS가 연계됨으로써 국토 전체의 에너지를 효과적으로 이용하여 CO_2 배출량을 줄이는 저탄소화 사회의 실현에 결부된다. BIM은 저탄소화 사회를 실현하는 기반이 되는 건물 분야의 에너지 절약화를 담당하는 도구로서 불가결한 존재인 것이다.

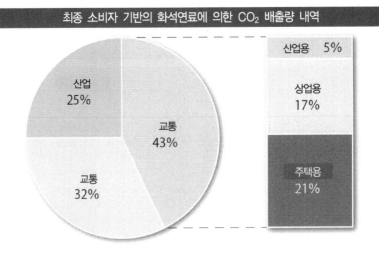

최종 소비자 기반의 화석연료에 의한 CO_2 배출량 내역

- 산업 25%
- 교통 43%
- 교통 32%
- 산업용 5%
- 상업용 17%
- 주택용 21%

BIM에 의한 저탄소화 사회의 실현

BIM에 의한 건물의 환경성능 향상

에너지 절약, 에너지 창출, 에너지 비축의 추구

BEMS, HEMS와 스마트 그리드의 연계

지역 전체에서의 에너지 이용의 최적화

저탄소화 사회의 실현

국가 전체에서의 CO_2 배출량을 저감

9-5

마케팅 전략

가시화로서 잠재 수요를 발굴한다

BIM에 의해서 CO_2 배출량이나 열, 공기의 움직임, 더욱이 건물 완성 후의 광열비나 라이프사이클 코스트라고 하는 현금의 흐름까지 가시화할 수 있다. 이것을 마케팅 이론인 'AIDMA의 법칙'에 활용할 수 있다.

▶▶ AIDMA의 법칙

'AIDMA의 법칙'이란 사람의 구매 행동의 프로세스를 도식화한 것이다. 사람이 물건을 살 때는 우선 그 제품의 존재를 알고(주의attention), 관심을 가지고(흥미interest), 사고 싶다고 생각하고(욕구desire), 인상에 남아(기억memory), 급기야 구매에 이른다(행동action)라고 하는 순서를 더듬어간다는 사고방식이다. 이 머리글자를 따서 'AIDMA의 법칙'이라고 한다.

▶▶ BIM 가시화의 힘을 판매에 실린다

지금까지 간과하고 있었던 문제점 등을 BIM에 의해서 알기 쉽게 가시화함으로써 'AIDMA의 법칙'을 활용한 마케팅이 가능해진다.

예를 들어, 단열재를 두껍게 한 건물의 BIM 모델로 에너지해석을 한 결과를 시공주에게 제시하여 "나중에 10만 엔을 들여 단열재를 두껍게 하면 광열비는 300만 엔을 절약할 수 있어요"라고 하는 구체적인 제안이 가능해진다. 그렇게 하면 시공주는 단열재의 등급 향상 효과에 착안하여 추가 투자를 하고 싶어진다.

▶▶ BIM으로 가시화할 수 있는 것

BIM에 의해서 가시화할 수 있는 것은 전부 AIDMA의 법칙에 의해서 비즈니스 찬스가 생긴다고 해도 과언은 아니다. 예를 들어, 태양광 발전 패널의 설치 비용과 잉여 전력의 매전 수입의 가시화, 전체 열교환기나 에코큐트의 설치비용과 광열비 절감액의 가시화, 창문의 증설에 의한 환기 성능 개선 효과의 가시화 등 볼 수 없는 것을 BIM으로 가시화하여 고객의 구매 활동에 연결시킨다.

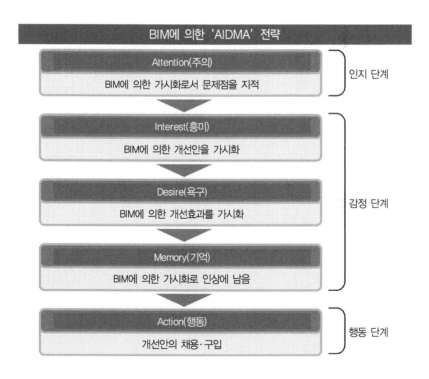

BIM에 의한 'AIDMA' 전략	
Attention(주의) BIM에 의한 가시화로서 문제점을 지적	인지 단계
Interest(흥미) BIM에 의한 개선안을 가시화	감정 단계
Desire(욕구) BIM에 의한 개선효과를 가시화	
Memory(기억) BIM에 의한 가시화로 인상에 남음	
Action(행동) 개선안의 채용·구입	행동 단계

BIM으로 가시화할 수 있는 것의 예

에너지 관계
- 태양광 발전 패널의 설치비와 매전수입의 가시화
- 전체 열교환기의 설치 비용과 광열비의 절감효과의 가시화
- 에너지 절약 기기의 도입 비용과 광열비의 삭감 효과의 가시화
- HEMS나 주택용 축전지의 도입 비용과 광열비의 삭감 효과의 가시화

바람, 공기 관계
- 공조기의 증설에 의한 온도 불균등 해소 효과의 가시화
- 창문의 증설에 의한 통풍성 개선 효과의 가시화
- 결로하기 쉬운 장소의 가시화와 단열재 두께 향상 제안

보안 관계
- 사각이 되기 쉬운 장소의 가시화와 감시 카메라 설치 제안

소리·진공 관계
- 댄스 레슨실의 방진공사 비용과 진동 레벨의 가시화
- 피아노 교습실의 방음공사 비용과 소음 레벨의 가시화

9-6

판매 전략

BIM으로 '미래의 생활'을 판다

BIM을 사용하면 건물도 완성 후의 모습을 가상으로 보고 나서 구매할 수 있게 된다. 더욱이 가상현실VR을 사용하여 사람이나 바람에 나부끼는 수목, 자동차 등의 움직임을 재현하면 '미래의 생활'을 판매하는 것조차도 가능하다.

▶▶ 건물도 완성 후의 모습을 보고 사는 시대로

자동차나 가전제품은 가게 앞에서 실물을 보고 확인하고 나서 살 수 있는 것에 반해 일품 생산一品生產인 건물은 완성되기까지 어떠한 느낌으로 될 것인지 알 수 없다는 것이 지금까지의 상식이었다. 그러나 BIM은 이러한 상식을 바꾸고 있는 중이다. 건물의 BIM 모델에 의해 시공주는 완성 후의 건물을 실제와 매우 흡사한 모습으로 볼 수 있기 때문이다. 건물도 '완성품'을 보고 나서 공사를 계약할 수 있는 시대가 되고 있다.

▶▶ '미래의 생활'을 BIM으로 판매한다

시공주에게 건물은 단지 일과 생활의 수단에 지나지 않는다. 그 건물이 무대가 되어 실현하는 일이나 생활이야말로 시공주나 건물의 사용자에게는 돈을 지불하는 대상이다. 건물의 BIM 모델에 사람이나 수목 등의 움직임이나 소리를 넣어 VR로 만들면 그 건물이 있는 미래의 생활 장면 자체를 체험할 수 있다.

인간은 기본적으로 변화를 싫어하는 경향이 있다. 버스전용차선이나 카페가 있는 대로를 활용한 도시 만들기의 계획 등의 내용이 좋아도 도면이나 언어로 설명하게 되면 주민을 이해시킬 수 없어 찬성을 얻지 못하는 경우가 있다. 그 점에서 VR로 사람이나 버스의 움직임을 재현하면 누구라도 알기 쉽게 되어 합의 형성이 쉬워진다.

▶▶ 개교 후의 캠퍼스 생활을 VR로 재현

신설 학교인 아랍에미리트의 자이드대학교 아부다비대학은 건물이 건설 중임에도 불구하고 완성 후의 캠퍼스 생활을 VR로 재현하여 학생 모집에 사용하였다.

학생 모집 비디오에서는 곡면을 살린 학교 건물 속에서 검은 레이스를 전신에 두른 여학생이 수업을 받거나 캠퍼스 내의 대로를 즐겁게 걷는 모습이 VR에서 재현되어 마치 개교 후의 대학 구내를 견학하고 있는 것 같은 착각을 받는다. 일반적인 팸플릿에 비해 학생 모집 효과도 상당히 크지는 않을까.

출전: YouTube 'Zayed University-Abu Dhabi Campus(2011)',
http://www.youtube.com/watch?v=P5zWJUu62Z8, 2012/5/30

9-7

조직 전략

종적 관계형보다 '심리스형'

BIM을 도입하여 시공 단계나 유지관리 단계 등 후공정에서 발생하는 문제를 설계 단계에서 해결해두는 프론트 로딩을 실천하기 위해서는 BIM 소프트웨어를 도입하는 것뿐만 아니라 조직도 종적 관계형으로부터 심리스seamless형으로 바꿀 필요가 있다.

▶▶ 문제가 뒤로 미루어지기 마련인 종적 관계형 조직

종래의 건설회사 조직은 설계 부문과 시공 부문으로 나뉘고 설계 부문은 다시 의장 설계, 설비 설계, 구조 설계들로 나뉘는 기능별 종적 관계형 조직이 일반적이었다. 이러한 조직에서의 업무 흐름은 우선 의장 설계자가 건물의 형태를 결정하고 이어서 설비 설계자가 공조나 배관 등을 설계하며 마지막으로 시공 부문이 의장, 설비, 구조 등의 설계도를 통합하여 시공하는 것처럼 상류로부터 하류로 향하여 한 방향으로 설계 정보가 흘러가는 것이었다.

이러한 종적 관계형 조직이라면 설비 설계자가 '이 부분의 덕트 공간을 조금 더 크게 잡아주면 효율적인 덕트 배치가 되는데'라든가, 시공기술자가 '이곳의 개구부는 조금 더 낮은 편이 계단이 딱 들어맞는데' 등으로 생각한다고 해도 의장 설계 단계에는 피드백하기 어려워 결국 후공정의 설비 설계나 시공 부문에서 무리한 조정을 하게 되기 마련이다. 기껏 BIM을 사용하고 있어도 프론트 로딩에 의한 문제의 사전 해결이 어려운 것이다.

▶▶ 심리스형 조직으로 프론트 로딩

이러한 종적 관계형 조직의 문제점을 해결하기 위해 마에다前田건설공업에서는 2009년 4월 본사 설계 부문에 '심리스 팀'이라고 하는 조직을 발족시켰다. 당시 합계 30여 명의 멤버 중 의장 설계자는 3분의 2이고 나머지 3분의 1은 구조 설계자나 설비 설계자, 시공 현장의 경험자였다. '심리스'란 '이음매가 없음'이라는 의미이다.

설계자와 현장에서의 시공을 경험한 기술자를 하나의 설계 팀으로 모은 것의 장점은 설계 단계에서 시공 노하우를 받아들이는 설계를 할 수 있는 것이다. 그 때문에 시공 단계에서 발생하기 십상인 트러블도 사전에 해결할 수 있게 되었다.

심리스형 조직일 경우에는 건축 확인 신청을 하기 전에 시공 단계에서 철근을 정확하게 배근할 수 있는지 여부를 시공 경험자가 확인하거나 의장과 설비를 잘 조화시킨 설계에 의해 건물의 에너지 절약 성능을 한층 높게 하는 것이 쉬워진다.

많은 사람이 정보를 공유하기 쉬운 BIM과 심리스형 조직의 장점이 어울려 프론트 로딩에 의한 문제 해결이 쉬워진다.

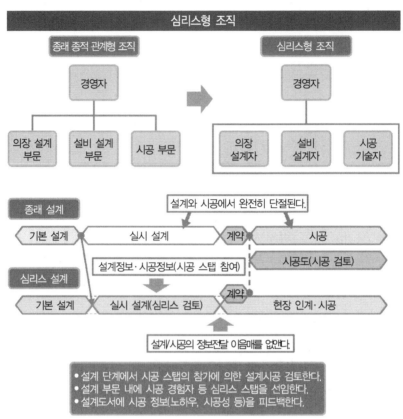

자료 제공: 마에다前田 건설공업 주식회사

9-8

신서비스 개척 전략

유지관리 비즈니스의 혁신

건물의 유지 관리에서 특히 문제가 되는 것은 벽이나 천장 뒤에 숨겨진 배관이나 덕트, 구조 부재 등이다. BIM 모델을 사용하여 건물의 구석구석까지 유지관리 상황을 가시화함으로써 업무의 효율화나 자동화가 도모된다.

▶▶ BIM을 유지관리에 활용한 'ArchiFM'

설계·시공 시에 만든 BIM 모델을 건물 완성 후도 유지관리에 사용함으로써 각 부재의 속성정보를 활용하여 기기나 설비를 관리하거나 대규모 수선 때 벽이나 천장의 뒤에 숨겨진 배관이나 덕트의 위치를 파악하여 공사를 원활히 하게 되면 유지관리 업무를 효율화할 수 있다.

BIM 모델에 의해 유지관리 업무의 폭을 넓힌 것이 헝가리의 vintoCON사가 개발한 'ArchiFM'이라고 하는 유지관리 소프트웨어이다. ARCHICAD로 작성한 BIM 모델을 읽어 들여 데이터베이스 기능을 강화한 것이다.

각 방의 이용 상황 등을 관리하는 '구역 관리', 건물 내의 비품이나 설비를 관리하는 '자산 관리', 입주하고 있는 회사나 사원 등을 관리하는 '입주자 관리' 그리고 비품의 이동이나 이전을 관리하는 '이설 관리' 등의 기능을 가지고 있다.

▶▶ 파노라마 사진과 BIM을 융합한 'T-Siteview'

타이세이大成 건설이 개발한 BIM 모델에 의한 시설 관리 시스템 'T-Siteview'는 실내를 고화질 디지털 카메라로 촬영한 상하좌우 360°의 구체球体 파노라마 사진과 BIM 모델을 융합시킨 것이다.

이 파노라마 사진과 BIM 모델을 융합시켜 독자 개발한 'viewer'로 바라봄으로써 BIM으로 설계된 건물과 준공 후에 필요한 유지관리 정보를 간단히 가시화할 수 있다.

BIM으로 설계된 건물의 속성정보나 수선 계획, 수선 실적 등의 정보를 시각적으로 확인할 수 있는 것 외에 준공 시에는 존재하지 않았던 파노라마 사진 내의 비품, 실험 시설 등의 정보를 화면상에 표시할 수 있는 것이 특징이다.

ARCHICAD(좌)로 작성된 BIM 모델을 읽어 들여 유지관리에 사용할 수 있다(우).

자료 제공: 주식회사 Sherpa

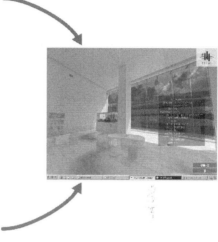

T-Siteview

BIM 모델(왼쪽 위)과 360° 파노라마 사진(오른쪽 위)을 합성하여 유지관리에 활용할 수 있다.

자료 제공: 타이세이大成건설 주식회사

9-9

해외 전략

'만국공통어'로서 BIM을 활용한다

BIM에 의한 가시화는 설계 내용뿐만 아니라 시공 순서나 공사의 진척 상황, 기성고 등에도 응용할 수 있다. 그 결과가 언어가 통하지 않는 해외에서의 프로젝트 수주나 시공관리 등에도 위력을 발휘한다.

▶▶ 만국공통어로서의 BIM

BIM 소프트웨어에는 세계 각국에서 사용되고 있는 제품도 많이 있다. 건물의 설계나 시공 계획 등을 이러한 소프트웨어로 작성함으로써 해외의 건설회사나 공장 등에서도 그 데이터를 열어 사용할 수 있다.

언어가 통하지 않는 나라의 기술자끼리도 BIM 모델을 열어봄으로써 말로 설명하지 않아도 설계 내용 등의 기술적인 것은 대부분 전달된다. 게다가 시공 순서나 공사 진척 상황, 기성고 등도 BIM 모델에 의해서 가시적으로 표현함으로써 시공주 등에게 쉽게 설명할 수 있다.

▶▶ 점군 데이터나 BIM에 의한 국제 분업도

3D 레이저 스캐너를 사용함으로써 현장 주변의 건물이나 전신주·전선 등의 세밀한 정보도 점군 데이터로서 고정밀도로 기록할 수 있다. 이 점군 데이터를 일본으로 보내면 일본 국내에 있으면서 BIM에 의한 국제 분업이 가능해진다.

▶▶ BIM에 의한 대형 해외 사업 수주도

타케나카코무텐竹中工務店은 싱가포르의 비즈니스 중심가에 있는 높이 245m, 40층의 초고층 오피스 빌딩 'CapitaGreen' 신축공사를 수주하여 시공에 BIM을 활용하였다. 또 오바야시구미大林組는 미국의 대형 석유 관련 회사가 싱가포르에 건설하는 공장 시설의 건설 시에 계약 전 단계부터 시공성이나 공기, 비용 등을 어드바이스하는 'Preconstruction Service'를 BIM에 의해 시행했던 것이 호평을 받아 공사를 수주하게 되었다.

3차원 레이저 스캐너를 활용한 국제 분업의 이미지

해외 현장

3D 스캔

자료 제공: 미국연방조달청

현장 주변의 점군 데이터

BIM으로 설계·시공 계획을 한 데이터

일본 기업

설계·시공 계획 등

자료 제공: BIM ARCHITECTS, Inc.

자료 제공: 주식회사 Informatix

현장시공에 활용

BIM이 수주의 결정적 수단이 되었던 싱가포르의 공장 시설

자료 제공: 주식회사 오바야시구미大林組

　건설의 미래를 바꾸는 알기 쉬운 BIM 활용법

9-10

신시장 개척 전략

BIM을 영화나 교육 분야에서 활용한다

건물이나 거리 등을 BIM이나 3차원으로 표현하는 기술을 영화나 게임 등의 엔터테인먼트 외에 현장에서의 사고를 방지하기 위한 안전 교육 등의 분야에도 활용함으로써 새로운 비즈니스 기회가 탄생된다.

▶▶ 영화의 시대 배경에 맞춘 '가상의 무대'를 만듦

옛날의 일본을 그린 영화 작품을 만들고자 마음을 먹어도 이제는 일본 내 어디에도 근대적인 빌딩이나 편의점, 포장도로 등이 넘쳐나고 있어 당시 풍경이 보존되어 있는 촬영지는 대부분 없다.

그래서 CG나 VFX^Visual Effects에 의해 영화의 무대가 되는 건물이나 거리 등을 만들어 실사 영상과 합성하는 것이 당연시되고 있다. BIM으로 건축 설계를 하고 있는 기업은 그 기술을 살려 영화에서 필요로 하는 가상의 무대 장치를 만드는 일에도 활약하게 될 것이다.

▶▶ 현장의 안전교육에 VR을 도입

공사 현장에서는 고소에서의 추락이나 건설 기계와의 접촉, 비계의 붕괴 등 다양한 사고가 발생하고 있다. 이러한 사고를 막기 위해 카시마鹿島건설 도쿄東京건축지점에서는 사고 발생 과정과 순간을 CG 애니메이션으로 재현하고 현장이나 협력회사의 안전 교육에 사용하여 효과를 올리고 있다.

예를 들어, '장내를 정리하던 중 바닥 공간에서 추락'한 사고, 보호 안경을 착용하지 않았기 때문에 '그라인딩 작업 중에 칩에 눈을 다친' 사고,

'크레인이 붐을 뽑은 채로 주행한' 사고 등이 포함되어 있다.

사고를 가상적으로 체험함으로써 현장에서의 안전 규칙의 무시나 불안전 행동에 의해 다음에 무슨 일이 일어날지를 현실감 있게 예측할 수 있게 된다. 이 애니메이션은 DVD집 'CG로 리얼하게 재현!『사고·재해 사례집』'으로서 로도労働신문사가 발매하고 있다.

0계 신칸센의 3D 레이저 스캐너에 의한 실차량의 계측 작업

자료 제공: 오오우라코소쿠大浦工測 주식회사

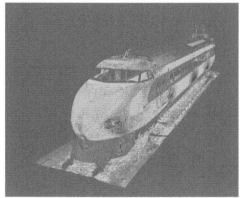

계측된 점군 데이터. 1960년대를 테마로 한 영화에서의 CG 작성에 이용하였다.

자료 제공: 오오우라코소쿠大浦工測 주식회사

‘CG로서 리얼하게 재현! 『사고·재해 사례집』’

CG 작성: 카시마鹿島건설 주식회사, 자료 제공: 주식회사 로도労働신문사

위기관리 전략

가상 피난 훈련을 제공

BIM 소프트웨어 등으로 설계된 건물이나 거리의 3D 모델을 가상현실VR 소프트웨어 등에 읽어 들이면 화재나 지진해일, 홍수 등을 가상적으로 체험할 수 있다. 여기에 자신의 아바타를 참가시키면 가상적인 피난 훈련이 가능해진다.

▶▶ VR로 재해를 리얼하게 재현

실제로 화재나 지진이 일어났을 때는 화염이나 연기, 지진 해일 등이 닥쳐오는 중에 비상계단이나 엘리베이터로 피난자가 쇄도하거나 붕괴된 건물에서 탈출구가 막히는 상황에서 탈출구를 찾아 안전한 장소를 발견하여 이동하여야 한다.

BIM 소프트웨어 등으로 작성된 건물이나 거리의 3D 모델을 VR 소프트웨어에 읽어 들이면 익숙한 건물이나 거리 속에서 화염이나 연기가 발생하여 확산해나가는 모습을 가상적으로 체험하거나 지진해일로 거리가 침수해나가는 과정을 볼 수 있다.

▶▶ 인터넷 게임과 BIM의 연계로 피난 훈련

가상적인 재해가 일어나고 있는 건물이나 거리 속에 자신의 분신인 '아바타'를 두면 워크스루에 의해 가상적인 피난 훈련을 할 수 있다. 연기나 화염, 지진 해일 등을 피하면서 출구를 찾고 피난 도로가 붕괴된 건물로 가로막혀 있을 때 다른 탈출구를 찾는 것을 리얼하게 체험할 수 있는 것이다. BIM 모델과 VR이나 인터넷 게임의 연계에 의해 많은 사람이 리얼한

재해나 피난을 체험함으로써 이미지 트레이닝을 하여 일단 유사시의 준비
나 행동에 옮길 수 있다.

▶▶ 시설관리자의 사고 대응 트레이닝

또 지하철이나 도로 터널 등에서 사고가 일어났을 때는 시설 관리자가
적절히 배연 장치를 작동시키거나 안전한 방법과 타이밍에서 피난 유도를
하는 것도 요구된다. 다양한 사고 패턴을 재현하여 대책 방법을 훈련해둠
으로써 일단 유사시의 행동은 전혀 달라질 것이다.

가상현실 시스템 'FreeWalk'에 의한 가상 피난 훈련

자료 제공: JST CREST 디지털 시티 프로젝트(이시다토오루石田亨, 나카니시히데유키中西英之)

프랑스의 BMIA(社)가 개발한 터널 시뮬레이터

다양한 사고를 가상적으로 발생시켜 터널 관리자의 사고 대책 트레이닝을 할 수 있다.

자료 제공: BMIA

9-12

콘텐츠 전략

학술, 교육의 VR 사료를 개발한다

BIM은 역사나 고고학을 기록하는 학술 분야나 옛날의 일상생활을 알기 쉽게 가르치는 교육 등의 분야에도 활용할 수 있다. 가상현실 기술과 연계함으로써 한층 더 알기 쉬운 교재나 역사 자료라는 새로운 교재도 탄생한다.

▶▶ 정밀한 시대 고증이 요구되는 학술 분야

역사 연구의 도구는 지금까지 고문서나 유물의 사진 등 종이 자료가 중심이며 동영상이나 음성 등은 그다지 사용되지 않고 있었다. 그래서 건물이나 생활용품 등을 3차원 모델로 나타내어 언어나 풍습 등을 움직임이나 소리가 있는 애니메이션 또는 가상현실VR로 표현함으로써 이해하기 쉬운 역사 연구를 할 수 있다.

Forum8은 자사의 'UC-win/Road'라고 하는 VR 시스템을 사용하여 페루의 표고 2,000m가 넘는 곳에 위치한 세계 유산인 마추픽추의 공중 도시를 VR화하였다. 고정밀도의 지형데이터 'ASTER GDEM'과 슈퍼컴퓨터를 활용한 리얼한 CG 렌더링으로 석조 계단식 밭이나 인티와타나intihuatana, 태양의 신전, 콘도르condor의 신전, 태양의 문 등의 유적을 표현하고 있다. 자유자재로 워크스루할 수 있으므로 마치 현지에 간 것 같은 착각에 빠지게 된다.

▶▶ 학교용 교재로도 VR을 활용

애니메이션이나 VR을 역사나 고고학 분야에 도입함으로써 그다지 역사 지식이 없는 사람도 과거로 타임슬립한 것처럼 당시의 건물이나 사람들의 일상생활, 풍습, 언어 등을 간단히 이해할 수 있게 된다. 효율적으로 학습할 수 있을 뿐만 아니라 건물이나 역사, 언어 등을 종합적으로 이해할 수 있다는 장점이 있다.

Megasoft에서는 '3DCG로 배우는 전통적 민가와 식생활의 변천'이라는 가정학과용 시청각 교재를 발매하고 있다. 세계 유산이 된 시라카와무라白川村의 주택건축양식이나 쿄우마치야京町家, 오키나와沖縄의 전통적 민가를 3차원으로 모델화하여 민가 내부를 워크스루 영화로 돌아보면서 체험할 수 있는 것이다.

▶▶ 건축가의 새로운 역할

건물이나 당시 풍습 등을 3차원으로 재현함으로써 각 연구자 사이의 해석이나 학설의 차이 등도 가시화되고 관련 분야의 연구 성과도 3D 모델이나 VR로 통합하기 쉬워지는 장점도 생긴다. 건축가나 건축 설계자는 BIM으로 시대 고증으로 뒷받침되는 가상 건물을 재현하는 일에서도 활약할 것이다.

유적의 3차원 모델

3차원 VR 시스템 'UC-win/Road'로 작성한 마추픽추 유적의 VR 작품

자료 제공: 주식회사 Forum8

Megasoft의 '3DCG로 배우는 전통적 민가와 식생활의 변천'

자료 제공: Megasoft 주식회사(3DCG 작성 소프트웨어 'Archi Designer' 외)

공장과 현장을 통합하는 싱가포르의 'IDD' 전략

싱가포르에서는 2015년부터 바닥면적 5,000m²가 넘는 건물은 건축 확인 신청에서 의장, 구조, 설비의 BIM 모델 데이터가 의무가 되어 시공 단계에서도 BIM이 폭넓게 사용되게 되었다.

이뿐 아니라 싱가포르에서 BIM 보급을 견인하여 온 싱가포르 건축건설청이하 BCA은 공장에서의 사전제작화도 BIM의 업무 흐름에 도입하여 'IDDIntegrated Digital Delivery'라는 신전략을 내걸고 가일층 생산성 향상을 목표로 하고 있다.

결국 공장 제작 프로세스를 BIM 업무 흐름에 편입하고 클라우드에 의해 실시간으로 연계시키려는 대처인 것이다. 그중에서는 최신 자동화 기술이 많이 편입되어 있다.

예를 들어, 설계에서는 파라메트릭 디자인이나 AR확장 현실 등을 활용하고 공장 제작에서는 로봇이나 센서, Just in Time의 공정관리가 도입된다. 현장에서의 시공에서는 드론이나 BIM 활용 그리고 유지관리에서는 모바일 단말이나 스마트 FM을 활용하여 데이터를 연계시킨다.

그리고 2025년까지 건설업 전체의 생산성을 25~35% 향상시킨다는 목표도 있다. 최신 기술을 적극적으로 도입한 싱가포르의 IDD 전략에서는 잠시도 한눈을 팔수가 없다.

제 10 장

미래의 BIM

지금까지의 BIM 모델은 BIM 소프트웨어상에서 설계자가 벽이나 창 등의 물체를 하나하나 배치하면서 만들어나가는 것이 일반적이었다. 이러한 수작업은 향후, AI(인공지능)나 알고리즘에 의해 자동화가 진행되어갈 것이다.

또 건설 현장에 로봇이나 건설용 3D 콘크리트 프린트 등이 도입되면 BIM 모델 데이터는 컴퓨터와 사람의 양쪽이 의사소통하기 위한 '기계어'로서도 활용될 것이다.

게다가 BIM 모델은 실물 건물이나 구조물을 디지털 데이터화한 'Digital Twin'으로서 건설계의 IoT(사물 인터넷)의 중심적인 역할을 담당해나갈 것으로도 생각된다.

10-1

AI와 BIM의 연계

BIM 모델의 작성, 구조해석을 자동화한다

BIM 모델을 작성하는 작업은 벽이나 창, 문 등의 BIM parts를 하나하나 짜 맞추어가는 수작업이 중심이다. 이 작업을 자동화하기 위해 AI인공지능를 활용하여 건물의 계획이나 레이아웃, 구조해석 등을 하려는 노력이 시작되고 있다.

▶▶ 건축 사업 계획을 AI로 자동 작성

임대 주택을 계획할 때 지금까지는 토지가옥 조사사나 건축 설계사 등의 전문가가 건설 예정지의 부지 정보나 건축 조건을 조사한 다음에 건축 가능한 최대한의 건물을 설계하는 수고와 노력이 필요한 작업이었다. 그래서 Starts 총합연구소는 'ARCHSIM'이라고 하는 시스템을 개발하여 GIS지리 정보 시스템, CAD, AI를 연계시켜 임대 주택의 건축 계획을 자동화하였다. AI는 각종 데이터로부터 임대료나 가동률 외에 건축 비용 등을 추정하여 수익 평가나 사업 계획을 작성한다.

▶▶ AI로 식품 공장을 레이아웃

식품 공장의 레이아웃 작성은 식품 위생 관리방법 'HACCP'에 근거한 위생 구획을 확보하면서 작업원이나 제품의 동선이 교차하지 않도록 최단 거리화하는 복잡한 조건을 만족할 필요가 있다. 히타치日立플랜트 서비스는 이 작업을 AI로 자동화하는 도구를 개발하여 레이아웃 설계 업무를 50% 효율화하였다. 장래 이러한 시스템이 BIM 모델을 자동 작성하는 시대가 될지도 모른다.

▶▶ AI로 구조 설계를 자동화

다케나카^{竹中}공무점은 프로 기사에게 승리한 장기 AI의 개발자가 있는 HEROZ와 협업하여 AI 활용을 촉진하고 있다. 양사의 노하우를 결합시켜 2018년까지 구조 설계용 AI 시스템의 프로토타입을 구축하고 더욱이 2020년까지 딥러닝 등 AI 기술에 의해 구조 설계나 시뮬레이션의 자동화를 개시한다. 그 결과 루틴한 작업의 70%를 삭감하는 것을 목표로 하고 있다.

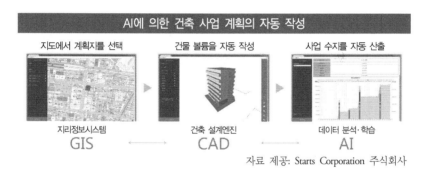

AI에 의한 건축 사업 계획의 자동 작성

지도에서 계획지를 선택 　　　건물 볼륨을 자동 작성 　　　사업 수지를 자동 산출

지리정보시스템 　　　　　　　건축 설계엔진 　　　　　　　데이터 분석·학습
GIS 　　　　　　　　　　　　　CAD 　　　　　　　　　　　　　AI

자료 제공: Starts Corporation 주식회사

AI로 식품 공장을 레이아웃

설계자 제작 　　　　　　　　　엔지니어링 도구 출력 결과

베테랑 설계자가 제작한 레이아웃(좌)와 AI에 의한 엔지니어링 도구가 제작한 레이아웃(우)

자료 제공: 히타치^{日立}플랜트서비스

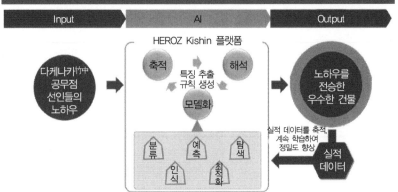

구조 설계용 AI 시스템의 이미지 그림

자료 제공: 다케나카^{竹中}공무점

10-2

제너레이티브 디자인

최적인 3D 형상이나 구조를 자동으로 작성한다

제너레이티브 디자인generative design이란 3차원 형상의 자동 생성과 시뮬레이션에 의한 피드백을 방대한 횟수에 걸쳐 반복하여 최적인 설계를 추구하는 방법이다. 인간인 설계자는 설계에서 충족 조건을 고려한다.

▶▶ 조건에 따라 컴퓨터가 자동 설계

제너레이티브 디자인은 주어진 설계 목표나 제약 조건, 재료나 강도 등의 제반 조건을 충족하도록 컴퓨터가 AI인공지능나 알고리즘 등을 사용하여 자동적으로 몇천 가지나 되는 디자인을 작성하는 방법이다. 인간인 설계자의 역할은 디자인의 충족 조건을 정의하거나 컴퓨터가 작성한 디자인을 선택하는 것이다.

▶▶ 생물을 떠올리게 하는 독창적인 디자인

제너레이티브 디자인은 부재의 단면 형상 등에 구애받지 않고 '어느 크기의 하중을 지탱한다' 등 설계 조건을 충적하는 것만을 기준으로 다양한 디자인을 산출해나간다. 그 때문에 산출된 설계는 '최소 재료로 최대 하중을 지탱한다'처럼 점점 낭비가 없어지는 방향으로 진화해나간다. 그 결과 디자인은 생물을 떠올리게 하는 독창적인 형태가 되는 경우도 있다.

▶▶ 제너레이티브 디자인의 장점이란

제너레이티브 디자인을 도입하면 설계 시간을 절약할 수 있다. 인간이 수작업으로 하나의 디자인을 산출하는 사이에 컴퓨터는 수백, 수천이나 되는 방대한 디자인을 산출하기 때문이다. 디자인 면에서는 인간이 상상하지 못했던 새로운 형태나 너무 복잡하여 만들어낼 수 없었던 독창직인 형태가 산출된다는 장점도 있다. 방대한 디자인을 비교하면서 설계를 하기 때문에 결과는 최적 설계가 되며 비용 저감 성능이 우수하다.

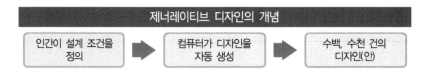

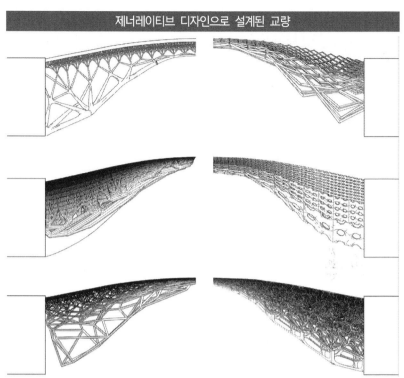

제너레이티브 디자인으로 설계된 강교의 예. 최소 강재로 최대 하중을 지탱하도록 디자인하면 그 결과는 생물의 골격을 떠올리게 되는 형태가 되었다.

자료 제공: Joris Laarman for MX3D

10-3

건설 로봇

인간과 협동하는 건설 로봇

저출산 고령화에 의한 노동력 부족을 커버하기 위해 다양한 건설 로봇이 개발되어 인간과의 협동이 시작되고 있다. 현장에서의 작업이나 제어에 BIM 모델을 활용하거나 인간과 짝을 이루어 작업을 분담하는 노력이 시행되고 있다.

▶▶ 현장의 안전이나 진척을 파악하는 로봇

Softbank 그룹의 자회사인 Boston Dynamics사가 개발한 'SpotMini'라고 하는 로봇은 개처럼 네 발로 보행할 수 있어 비계나 계단, 장해물 등 타이어로 주행이 어려운 현장을 자유자재로 순회한다. 일본에서도 다케나카[竹中]공무점이나 Fusita가 현장에서의 실증 실험을 하였다. 또 미국의 Doxel사가 개발한 로봇은 크롤러 부착 대차에 3D 레이저 스캐너를 탑재한 것으로 자동적으로 현장을 돌면서 점군 계측하여 진척 관리를 한다.

▶▶ 빌딩의 시공을 자동화하는 로봇

대형 건설 회사를 중심으로 철근의 결속이나 철골의 용접, 내화 피복 뿜어 붙임, 천장판의 부착, 현장 내의 자재 수송 등을 담당하는 다양한 작업용 로봇이 개발되어 현장에서도 사용되기 시작하였다. 최근 건설 로봇은 인간이 원격으로 조작하지는 않고 BIM 모델이나 AI 등과의 연계에 의해 인간이 일일이 조작하지 않아도 자율적으로 일을 해주는 것이 증가하고 있는 것이 특징이다.

▶▶ 중노동을 담당하는 로봇도 개발

산업기술 총합연구소의 지능 시스템 연구 부문 휴마노이드 연구 그룹은 인간의 중노동 작업을 담당하는 인간형 로봇의 시작기 'HRP-5P'를 개발하였다. 인간과 같이 섬세하게 움직이게 하기 위해 합계 37 자유도의 관절을 가지며 무게 약 11kg의 석고 보드를 가지고 올라가 설치, 나사 고정까지 할 수 있다. 이 밖에 인간의 자세를 고정하는 상향 작업용 보조 슈트 등도 현장에 도입되어 있다.

현장을 자동 순회하는 'Spotmini'(좌)와 Docswell(사)의 진척 관리용 로봇(우)

사진 제공: (좌)주식회사 다케나카竹中공무점, (우)Doxel

철골을 자동 용접하는 로봇(좌)과 철골에 내화 피복을 뿜칠하는 로봇(우)

사진 제공: (좌)카시마鹿島건설 주식회사

중노동 작업을 담당하는 인간형 로봇 'HRP-5P'(좌)와 상향 작업용 보조 슈트를 착용한 작업(우)

사진 제공: (좌)산업기술 총합연구소, (우)세키스이積水하우스 주식회사

10-4

벽돌 쌓기 로봇

건물 벽을 따라 벽돌을 자동 배치한다

BIM 모델을 토대로 건물 벽을 따라 벽돌을 자동적으로 배치하여 쌓아 올려 나가는 방법으로 건물의 구체를 만드는 기계이다. 'HADRIAN X'라고 하며 오스트레일리아의 FasTbrick RoboTics[FBR]사가 개발 중이다.

▶▶ 콘크리트 대신에 블록으로 건물을 조형

3D 콘크리트 프린트는 건물 벽을 따라 등고선을 그리는 것처럼 레미콘 모양의 유연한 재료를 쌓아 올리면서 구체를 만들어 나가지만, 레미콘 대신에 블록을 하나하나 벽을 따라 쌓아 올려 나가는 것이 'HADRIAN X'의 특징이다.

로봇에는 건설 현장을 넘나드는 듯한 거대한 암이 탑재되어 있으며, 그 선단에는 다양한 크기의 벽돌을 취급하는 로봇암이 붙어 있다. 벽돌에 접착제를 발랐다가 뒤집어 1개씩 가지런히 현장에 쌓아 올려나가는 시스템이다.

▶▶ 밀리미터 단위의 고정밀도 시공이 가능

3D 콘크리트 프린트는 조형 시에 재료가 퍼지거나 다음 등고선으로 이동할 때에 재료에 경사가 생기는 것에 대해 규격화된 치수·형상의 벽돌을 쌓는 방법은 밀리미터 단위의 고정밀도 시공이 가능하다.

기계의 암은 휘어지기 쉬우므로 간단히 암의 각도를 조정하거나 펴는 것만으로는 선단에서의 위치 결정 정밀도가 문제가 된다. 그래서 현장에는 레이저 발신기를 설치하여 로봇암의 선단에 부착된 수신기에 의해서 '절대 좌표'를 확인하면서 0.5mm 정밀도로서 벽돌을 쌓아 올리게 되어 있다.

창이나 도어 등의 개구부는 3D 콘크리트 프린트와 마찬가지로 상부에 다른 부재를 '중개'하도록 설치하여 그 위에 벽돌을 쌓아 올리고 있다. FBR사에서는 건물의 BIM 모델 데이터를 이 로봇용으로 변환하여 벽돌 1개씩의 위치나 각도, 크기 등을 산출할 수 있도록 할 것이다.

벽돌 쌓기 로봇 'HADRIAN X'

건물 벽을 따라 쌓아 올린 벽돌

레이저에 의한 고정밀도 위치 결정(좌). 'HADRIAN X'의 완성 이미지(우)

'HADRIAN X'에 의한 장래 시공 현장 이미지

사진·자료 제공: FasTbrick RoboTics

10-5

건설용 3D 프린트

3D 모델로부터 구체를 자동으로 작성한다

재료를 수 밀리미터~수 센티미터 두께로 단면을 따라 조금씩 적층하여 실제
건물을 조형할 수 있는 건설용 3D 프린트가 세계 각국에서 개발되어 실제 공사에
사용되기 시작하고 있다. 재료로는 모래나 모르타르, 흙 등이 주로 사용되고 있다.

▶▶ 모래 모양의 재료에 경화제로 굳히는 타입

모래 모양의 재료를 5~10mm 두께로 평탄하게 부설하고 나서 조형하는
물체의 단면을 따라 액체 경화제를 프린트 헤드로부터 분사하여 굳혀나가
는 작업을 끝없이 반복하면서 자유로운 형태의 조각이나 가구를 조형해나
가는 타입의 3D 프린트이다. 조형 종료 후는 모래산이 생겨나며 굳혀지지
않은 부분의 모래를 제거하면 조형된 조각이나 가구가 나타난다. 이탈리
아 피사에 거주하는 Enrico Dini 씨는 폭 7.5m, 안 길이 7.5m, 높이 3~18m라
고 하는 거대 3D 프린터, 'D-SHAPE'를 개발하였다.

▶▶ 모르타르나 흙을 적층하는 타입

건물의 벽을 따라서 재료를 수 센티미터 두께씩 적층하면서 거푸집으로
벽을 만드는 타입의 3D 프린트이다. 조형에는 모르타르 모양의 재료나
현지 발생토에 볏짚이나 수경성 석회를 혼합하여 반죽한 것 등이 사용된
다. 벽의 단면에는 자유자재로 공동이 만들어지므로 이곳에도 왕겨나 발
포성 단열재 등을 넣음으로써 단열성, 차음성이 높은 구체를 만들 수 있다.
장점은 거푸집 없이 벽을 만드는 것이다. 벽의 단면에 철근을 넣어 보강하

340 건설의 미래를 바꾸는 알기 쉬운 BIM 활용법

는 것도 가능하다.

▶▶ 로봇암으로 용접하는 타입

로봇암의 선단에 전기 용접기를 부착하여 용해한 금속을 공중에서 조형하는 타입의 3D 프린트도 개발되어 있다. 자유로운 단면이나 곡면, 공동을 만듦으로써 제너레이티브 디자인에 의해 최적화된 복잡한 형상의 교량 등도 건설 가능하다.

모래 모양의 재료를 적층하는 'D-SHAPE'의 외관(좌)과 조형된 조각(우)

사진 제공: 이에이리 료우타家入龍太

모르타르 모양의 재료를 적층하는 타입의 3D 프린트(좌)와 조형된 부품을 조립한 건물(우)

사진 제공: Cybe Construction

흙이나 볏짚을 섞은 재료를 적층하는 타입의 3D 프린트(좌)와 로봇암 용접기를 부착한 타입의 3D 프린트(우)

사진 제공: (좌) WASP, (우) Olivier de Gruijter

10-6

공중에서의 시공

드론으로 부재를 쌓아 올린다

4개의 회전 날개를 가진 드론(소형 무인기)으로 작은 블록 재료를 조금씩 쌓아 올리면서 건물을 만드는 획기적인 건설 방법이 스위스에서 개발되어 있다. 지금은 실험단계이지만 장래 건물의 건설에 사용될지도 모른다.

▶▶ 상공에서 건물 블록을 배치

이 공법은 지상에 거치한 건물 블록을 4개의 회전 날개를 가진 드론으로서 매달아 올려 상공에서 건물의 단면을 따라 배치하면서 건물의 형태를 만들어 나가는 것이다. 드론은 안정적으로 비행하며 블록의 설치 지점 상공에서 호버링hovering함으로써 높은 정밀도로서 위치 결정이 가능하다.

'Flying Machine Enabled Construction비행 물체가 가능하게 한 건설 공법'이라 명명된 이 신공법은 건축 설계사무소 Gramazio&Kohler와 취리히공과대학Swiss Federal Institute of Technolgy Zurich의 Raffaello D'Andrea가 공동으로 개발하고 있다.

▶▶ 공중 충돌을 막는 항로 예약 시스템

다수의 드론으로 효율적으로 시공하기 위해 건물의 주위를 따라 항로가 설정되어 있으며 공중 충돌하지 않도록 항로 예약 시스템으로 관제하고 있다. 예약된 공간에는 다른 드론이 들어오지 못하게 되어 있으며, 드론이 그 공간을 통과한 후는 예약이 해제되어 다음 기체가 진입할 수 있는 시스템이다.

▶▶ 시공관리 시스템도 완비

이 연구에서는 시공 체제에 대해서도 확실히 검토되어 있다. 블록의 위치나 설치 순서를 정의한 설계도 파일에 근거하여, 관제탑의 역할을 부과받은 현장 감독foreman 시스템과 드론을 운항하는 작업원crew 시스템이 지휘명령계통에 따라 질서정연하게 시공을 진행하게 되어 있다.

이러한 시스템에 의해서 여러 대의 드론을 동시에 제어함으로써 시공 생산성을 높일 수 있다.

공중에서의 시공

지상에 둔 건물 블록을 드론으로 매달아 올린다(좌). 상공에서 블록을 설치하여 건물을 조금씩 건설해나간다.

사진 제공: Gramazio&Kohler and Raffaello D'Andrea

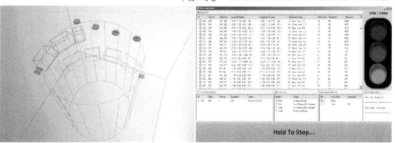

항로예약 시스템의 개념도(좌)와 현장감독용 시스템 화면(우)

사진·자료 제공: Institute for Dynamic Systems and Control, ETH Zurich

사진·자료 제공: Institute for Dynamics System and Control, ETH Zurich

10-7

IoT로 진화하는 BIM

AI나 로봇도 이해할 수 있는 '디지털 트윈'으로

BIM은 실물 건물을 디지털 데이터로 재현한 '디지털 트윈'이라고도 할 수 있다. BIM에 의한 측량 → 설계·해석 → 시공의 흐름은 실물 → 데이터 → 실물이라고 하는 IoT사물 인터넷의 방향으로 진화하는 중이다.

▶▶ IoT와 BIM의 작업 흐름은 매우 유사하다

IoT^{Internet of Things, 사물인터넷}란 현실 세계의 다양한 것을 데이터화하여 컴퓨터에 집약하고 다양한 대책을 시뮬레이션한 결과, 최고 좋은 방법을 현실 세계로 피드백하는 흐름이다.

한편 BIM의 작업 흐름은 건설 현장을 컴퓨터상에서 재현하고 건물을 BIM으로 설계·시뮬레이션하여 최적인 작업을 현장에서 시공한다. IoT와 BIM은 현실 → 데이터 → 현실이라고 하는 작업 흐름이 공통적이다.

▶▶ 자동화가 진행 중인 BIM

현재 BIM은 측량 결과를 수작업으로 데이터화하고 설계도 하나하나의 부재를 설계자가 조립하면서 진행해나간다. 그리고 현장에서의 시공도 작업자가 거푸집이나 철근을 조립하여 콘크리트를 타설하는 수작업이 대부분이다.

그러나 BIM은 조금씩 자동화가 진행 중이다. 사진이나 점군 데이터로부터 현장을 자동적으로 BIM 모델화하고 AI가 BIM 모델을 자동적으로 설계하여 3F 프린트나 로봇이 자동적으로 시공하는 흐름은 IoT 그 자체이다.

▶▶ 인간과 로봇·AI를 연결하는 BIM

가까운 장래 BIM과 IoT와 마찬가지로 현실 → 데이터 → 현실의 작업 흐름이 자동화되어 스피디해질 것으로 생각된다. 그 시점에서 BIM의 역할은 건물의 형상이나 설계를 인간과 로봇·AI 사이에서 정보 공유하기 위한 플랫폼으로서의 역할이 나올 것이다.

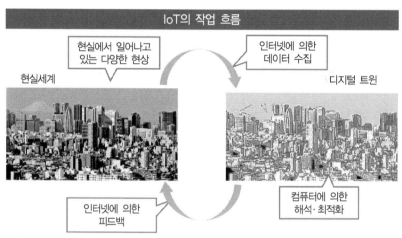

현실 세계 → 데이터에 의한 해석 → 피드백의 흐름이 자동화되고 있다.

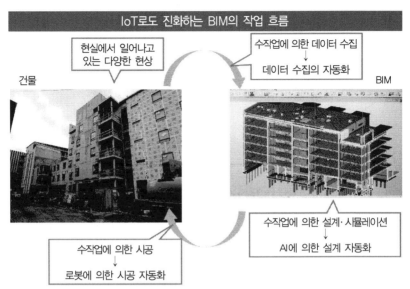

IoT로도 진화하는 BIM의 작업 흐름

현실에서 일어나고 있는 다양한 현상

건물

수작업에 의한 데이터 수집
↓
데이터 수집의 자동화

BIM

수작업에 의한 시공
↓
로봇에 의한 시공 자동화

수작업에 의한 설계·시뮬레이션
↓
AI에 의한 설계 자동화

현재는 현실 세계 → 데이터에 의한 해석 → 피드백의 흐름에는 수작업이 많지만, AI이나 로봇 등에 의한 자동화가 진행함으로써 IoT의 작업 흐름으로도 가까워져 간다.

자료 제공: 이에이리 료우타家入龍太

참고문헌·참고 사이트

『業界が一変するBIM建設革命』, 山梨知彦著, 日本実業出版社, 2009.2.1.

『BIM活用用実態調査レポート 2011年版』, 日経BPコンサルティング/ケンプラッツ, 2011.2.1.

『BUILD LIVE KOBE 2011 Collection』, 一般社団法人IAI日本, 2012.

『施工BIMのスタイル』, 日本建設業連合会, 2014.

『施工BIMのスタイル 事例集2018』, 日本建設業連合会, 2018.

建設ITワールド, (株) イエイリ·ラボ, ieiri-lab.jp

その他, BIM連合ソフト·ハードベンダー各社のウェブサイト等

찾아보기

저자 소개

이에이리 료우타家入龍太

IT활용에 의한 건설 산업의 성장 전략을 추구하는 '건설 IT 저널리스트'. BIM이나 3차원 CAD, 정보화 시공 등의 도입에 의해 생산성 향상, 지구환경 보전, 국제화라고 하는 건설업이 안고 있는 경영 과제를 해결하기 위한 정보를 '한걸음 앞의 시점'에서 계속 발신하고 있다. 새로운 것으로의 도전을 '칭찬하고 키우는' 것이 모토. '연중무휴·24시간접수'의 정신으로 건설·IT·경영에 관한 기사의 집필이나 강연, 컨설팅 등을 하고 있다.

약력

1959년 히로시마広島현 출생
1982년 교토京都대학 공학부 토목공학과 졸업
1984년 조지아 공과대학 대학원 공학석사과정 수료(Engineering Science & Mechanics 전공)
1985년 교토京都대학 대학원 석사과정 수료(토목공학 전공)
1985년 니혼코우칸日本鋼管(현 JFE Engineering) 입사
1989년 닛케이日経BP사 입사(닛케이日経 컨스트럭션 부편집장, 켄프랏츠 편집장, 사업부 차장, 건설국 광고부 기획 편집위원 등을 담당)
2009년 닛케이日経BP 퇴사
2010년 주식회사 ieiri lab 설립, 현재에 이름
2011년 칸사이関西대학 총합정보학부 비상근 강사

저자 공식 사이트

IT 활용에 의한 건설산업의 성장 전략을 추구하는 '건설 IT 저널리스트'
이에이리 료우타家入龍太의 공식 사이트

'건설 IT World'

역자 소개

이성혁

공학박사, 한국철도기술연구원 첨단궤도토목본부, 수석연구원

엄기영

공학박사, 한국철도기술연구원 첨단궤도토목본부, 수석연구원

조국환

공학박사, 서울과학기술대학교 철도전문대학원, 교수

김성일

공학박사, 한국철도기술연구원 첨단궤도토목본부, 책임연구원

신정열

공학박사, 한국철도기술연구원 첨단궤도토목본부, 책임연구원

건설의 미래를 바꾸는 알기 쉬운 BIM 활용법

초판인쇄 2022년 4월 7일
초판발행 2022년 4월 14일

저　　　자 이에이리 료유타(家入龍太)
역　　　자 이성혁, 엄기영, 조국환, 김성일, 신정열
펴 낸 이 김성배
펴 낸 곳 도서출판 씨아이알

책임편집 박영지
디 자 인 안예슬, 김민영
제작책임 김문갑

등록번호 제2-3285호
등 록 일 2001년 3월 19일
주　　　소 (04626) 서울특별시 중구 필동로8길 43(예장동 1-151)
전화번호 02-2275-8603(대표)
팩스번호 02-2265-9394
홈 페 이 지 www.circom.co.kr

I S B N 979-11-6856-046-8 (93530)
정　　　가 25,000원